设计
启示录

ZCOOL
站酷 · 编著

站酷
行业观察报告

電子工業出版社·
Publishing House of Electronics Industry
北京·BEIJING

FOREWORD

纪晓亮
站酷网总编辑

来自共情、去往共识的设计价值

　　麦肯锡在2018年10月25日发布了调查报告《设计的商业价值》，报告内容来自麦肯锡团队5年间对300家不同地区的行业上市公司的观察。根据麦肯锡的研究，12种企业的核心设计活动与增长的商业价值有着直接联系。麦肯锡将这些活动分为4个主题，也就是所谓的"麦肯锡设计指数"（MDI）。这4个主题分别是：分析领导力、跨部门才能、持续迭代和用户体验。结果显示，MDI 得分最低的公司只有43分，而最高分达到了92分。而能够在这4个主题中全部做到出色，真正满足"头部企业"特征的公司，还是相对稀少的。完成这4个主题，成为头部企业的公司可以达到其他竞争者双倍的营收和股东分红。

　　这代表了设计商业价值的确定性。

　　另一方面，正如我们所经历的，从2019年全球经济趋势下行开始，以2020年开始的新冠肺炎疫情为代表，高度不确定性成为新的常态。我国逐渐成为全球第二大经济体，在通往第一的路上，模仿已经不再是最佳的策略。过去单纯的模仿带来的增长已经停滞，随着我国逐渐成为领跑者，只有创新和科学设计的原创性进步才可以赢得未来。

设计真正的价值在于它是科技创新和社会创新的最佳工具。

尽管目前设计行业和设计师还只是社会和经济环节中一个不太起眼的要素，但是一旦它作为连接器的功能得到重视，设计师群体就可以把工作目标从简单完成工作上升到为工作创造价值。我相信，设计会是全人类最美好的工具之一。设计的价值来自它对不确定性的适配。相比其他方法，设计开始于对需求的共情，可以挖掘到更多的社会需求。同时，设计作为一个开放的思考方式，并不拘泥于唯一正确的解决方案。设计提供的永远是无数个方案里更加巧妙的那个，永远可以期待有更棒的设计出现。而且好的设计，它最终造就的一定是一个长期正面的价值取向，是对人群持续正向的塑造。

来自共情，去往共识。

在组稿过程中，我们感受到了这个行业的稚嫩，感慨相关数据的缺失，但让人感动的是一个个设计师眼中的光。不管是已经功成名就，还是刚刚开始学习设计，这些设计师们都坚信，未来自己可以设计出更好的作品，用来改善别人的生活，改变不好的现状。

大家也会说一些丧气的话，如做设计师发不了财，客户老板无法沟通等。但是第二天，他们又重新抖擞精神开始一个新的设计项目。在如今这个设计方兴未艾的时间点，作为设计师平台的站酷，能有机会代表设计师，代表设计这种行业，代表设计思维这种方法，推出聚焦在设计价值的现实观察图书，我们深感自豪。

如果你是设计的从业者，可以借由本书中收集的案例和访谈，找到你在设计行业中的生态位置。如果你并不是设计的从业者，也不要认为设计与你无关，在不远的将来，人人都可能在某时某地扮演着设计师的角色。

设计已经从加分项变成了必须项。

2022年7月
于　北京郎园Station

CONTENT 目录

02 委托设计篇

03 附录 A

FULL TIME DESIGN

01 全职设计篇
行业面面观

VUCA 时代中国全职设计师价值观察：
设计回归核心价值是不可阻挡的趋势

摘要： 基于对大型国企甲方、大型国企乙方、新兴产业、大型民营企业乙方等不同类型公司的设计管理从业体验的采访，以及对10位不同职场环境下的全职设计师就设计管理方式问题的咨询，结合4期全职设计师职场问题的线上投票数据，对全职设计师职场生态进行总结。

关键词： 设计师，设计管理，集成生产型，附加营销型，薪资，团队规模

　　"为什么企业需要全职设计师？"这是我们在全职设计师价值观察这个项目中始终面临的核心问题。但是即使这么具体现实的问题，也因为缺少数据的支持而变得难以回答。得益于前期对外包设计的调研及站酷在设计行业十余年的积累，我们使用更感性微观的方式完成了对全职设计师价值的观察。由于全职设计师所属的行业、企业都十分分散，在这里呈现的更多的是一些侧面观察，希望读者酌情采纳。

　　为了获得比较全面的视角，我们分别以采访的形式找到了大型国企甲方、大型国企乙方、新兴产业、大型民营企业乙方等不同类型公司的设计管理者，也分别找到了10位在不同职场环境下的全职设计师，询问他们有关设计管理方式的问题，结合4期全职设计师职场问题的线上投票调查，对全职设计师生态的现状进行总结。

设计师与雇方关系

　　全职设计师与所在企业的关系分为生产型关系和营销型关系两大类，也可以称为集成型和附加型。

　　集成生产型关系是指设计是企业生产中的一环，最典型的如家具的生产厂家，其产品就是设计师的设计作品，设计是其中的关键环节。这种公司也可以称其为"设计驱动型公司"。

　　在这种关系里，因为设计是生产的核心要素，所以比较受重视。众所周知的苹果公司前设计师乔纳森·伊夫，甚至一度担任公司的首席设计官，成为决策者。设计师就是创始人或者CEO的设计驱动型公司，也十分常见。

　　附加营销型关系是指设计师只负责企业的品牌宣传、营销物料等内容的设计制作，并不参与企业核心业务的类型。这是大多数平面设计师的就职方向，一般在市场部、品牌部或者具体的业务线内。这种类型的设计师职位一般处于比较边缘、动荡的状态，对职业市场变动的抵抗性较弱。企业之所以在这些位置保留设计序列，与其说是重视设计的价值，不如说是出于快速响应和节约成本的考虑。很多企业逐渐利用外包来解决类似需求，同时，很多设计工具和创新的组织形式也正在蚕食这个部分的设计师职位，后文会分别展开介绍。

还有一个小类的设计师职位需要特别说明，即在设计公司或工作室就职的设计师。这个人群规模很小，也无法简单归类到集成生产型或附加营销型中去，本书更倾向于把此类设计师看作潜在的外包设计师，大多数此类设计师在积累了一定的工作经验后，都会开办自己的设计工作室或公司，成为标准的外包设计师。

企业中的设计师占比

根据我们2021年对行业的观察，在设计参与或设计驱动型公司中，设计师占比为10%~20%，如图1-1所示。

图1-1 设计参与或设计驱动型公司的设计师占比（注：黄色部分为设计师占比）

在其他要素驱动的公司中，设计师占比为2%~5%，如图1-2所示。

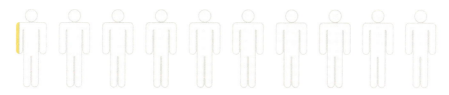

图1-2 其他公司的设计师占比（注：黄色部分为设计师占比）

还有很多公司并未设置设计序列的职位。

设计公司或提供设计服务的乙方，因为设计就是业务本身，设计师占比可以达到80%以上，如图1-3所示。

图1-3 设计公司的设计师占比（注：黄色部分为设计师占比）

整个设计师就业市场呈现出一种初级设计师过度饱和、高级设计师极其稀缺的金字塔状态。

中国主要城市设计师薪资分布

在中国主要城市就职的设计师,有着鲜明的区间分布,如图1-4所示。超一线和一线城市的设计师薪资大多在1万~2万元之间,二线城市下降至5000~1万元,更下沉的城市,设计师的收入则降到了5000元以下。

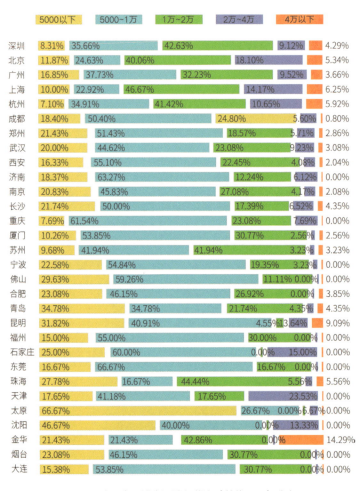

图1-4 中国主要城市设计师薪资(单位:元)分布

值得注意的是，这组数据并不能简单地解读为做设计就要去大城市，很多高薪的职位背后是更大的工作压力与更多的工作时长，以及更激烈的竞争和淘汰。但设计师职位的上限还是与所在城市息息相关，请结合下文的地理分布来选择设计就业的城市。在站酷对会员的调查中，设计师职位的地理分布如表1-1所示。

表1-1 设计师职位的地理分布

平面设计师	北京、广州、上海、深圳、杭州	43%
插画师	北京、广州、上海、成都、深圳	40%
三维设计师	北京、上海、广州、深圳、成都	42%
网页设计师	北京、广州、深圳、上海、杭州	38%
UI设计师	北京、深圳、上海、广州、杭州	39%
产品设计师	北京、深圳、广州、上海、杭州	47%
室内设计师	北京、广州、上海、深圳、成都	34%
摄影师	北京、广州、深圳、上海、杭州	43%

北京、上海、广州、深圳4个超一线城市，是设计师最集中的区域。近年来，杭州、成都也逐渐成为设计师喜爱的就职地点。这些城市的设计师岗位都有着鲜明的区域特色。北京作为政治文化中心，在北京的互联网企业，大多也以媒体属性为主。上海作为经济金融中心，吸引了大量有实力的实业公司和金融集团，因此上海的设计师有着更好的商业融合度。广州是商业贸易的中心，尤其是对外贸易，在广州的设计师有更多的机会扩展自己的国际视野。深圳是四大超一线城市中新机会最充沛的科技创新中心，相比难以落户的北京、上海，以及相对本土化的广州，深圳更加开放。深圳有着IT软硬件、创新互联网、新能源企业等国家战略重点企业，适合有志于在科技创新中一展身手的年轻设计师。杭州的崛起主要得益于电商行业的发展及上海的溢出效应，适合计划往商贸方向发展的设计师。成都作为西南地区的核心城市，近年来设计师的机会越来越多，在成都，设计师的职能更多表现为提供生活消费类方案的ToC设计。

设计师职位的时效分布

设计师作为协同性岗位，根据所处行业的不同，呈现不同的时效分布。比如，前些年的双十一电商节期间，设计的需求在短期内呈现爆发式增长，又在之后迅速冷却。单看年度内，3月份春节过后和10月份开学期间，由于应届生和在校生都在寻找实习机会，人才供应充足，设计师职位也呈现比较旺盛的状态。年底因为企业盘点和发放年终奖金，设计师职位整体供需下降。在考虑设计就业时，需要更多地考虑目标企业所处行业的周期性需求。

设计师所在公司类型与团队规模

设计师所在公司的类型与设计团队的规模分别如图1-5和图1-6所示，数据来自站酷2022年3月份的两项问卷调研："你所在的公司类型""你所在设计团队的规模"。样本数 $N>2900$ 人。

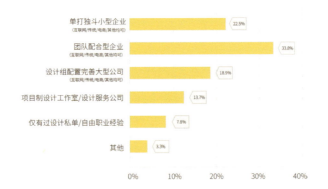

图1-5 设计师所在公司的类型

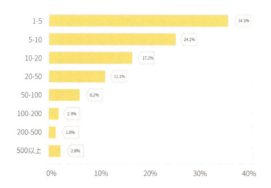

图1-6 设计师所在设计团队的规模（单位：人）

VUCA时代对未来设计师职位的能力需求展望

我们身处在一个VUCA的时代，波动性（Volatility）、不确定性（Uncertainty）、复杂性（Complexity）、模糊性（Ambiguity）并存，幸亏设计本身正是对抗VUCA最好的工具。下面借助PEST分析来对设计师职业能力发展做一个展望，如表1-2所示。

表1-2 设计师职业能力发展PEST分析

	行业状态	设计师的思维与技能
政治因素 (Politics)	节能减排、大国竞争。产业升级成为国家战略，设计是其中的一个活跃变量，可以创造性地节约资源、创造需求、协助整体战略的实施	开放性思维，跨学科整合，团队合作与人事管理
经济因素 (Economy)	全新媒介形态，全新组织架构，数字货币、NFT和元宇宙或将成为新的经济载体	充分利用自身创造力特长，构建新的意义，积极借助新媒介渠道，提升与他人的在线远程协作能力
社会因素 (Society)	人口老龄化加剧，国潮兴起	重视体验构建能力、服务意识和社会沟通能力，同时加强跨文化语境下的竞争力
技术因素 (Technology)	大数据技术与AI的普遍应用，催生了市场诞生对更加个性化解决方案的需求	主动掌握计算思维，充分利用数据加强认知判断与决策能力

政治因素（Politics）：节能减碳，大国竞争。

随着中国的崛起，世界格局正在发生剧烈变化，目前节能减碳和大国竞争已经是明确趋势。产业升级是节能减碳和应对竞争的国家战略，这个战略下，设计作为一个活跃变量，可以创造性地节约资源、创造需求、协助整体战略实施。

这需要设计师具备开放性思维、跨学科整合能力、团队合作能力和人事管理能力。设计师需要与产业做更深度的结合和理解，成为带动创新的因子，而不只是等待工单，完成指定任务。

经济因素（Economy）：全新媒介形态，全新组织架构。

自新冠肺炎疫情以来国际金融环境变化剧烈，但是我们仍然从中看到了一个趋势：全新的经济形态正在孕育。从数字货币到NFT，元宇宙或将成为新的经济载体。

这需要设计师充分利用自己的创造力特长，去建构新的意义，同时积极借助新的媒介，与其他人进行充分的虚拟协作。设计在未来会越来越表现为一种说服力。

社会因素（Society）：人口老龄化加剧，国潮兴起。

人口老龄化带来全新的挑战和需求，国潮文化的兴起也在呼唤着设计师们的工作。

这需要所有设计师具备之前只有体验设计师才会重视的体验构建能力，以服务意识和社会沟通能力来完成服务设计，同时顺应时代需求，加强跨文化语境下的竞争力。

技术因素（Technology）：大数据技术与AI的普遍应用。

大数据技术下，需求的可见度急剧提升，AI的大规模应用也带来了更加个性化的解决方案。

这需要设计师主动掌握计算思维，不再单凭主观臆断，而是充分利用数据和算法，加强认知、判断与决策能力。设计不是艺术，设计是解决问题的方法。综上所述，我们虽然很难从过往的现象中完全窥见未来设计职位的需求，但是同时也看到了设计逐步回归核心价值这不可阻挡的趋势。设计职能的核心价值如下：

（1）发现复杂的隐藏问题和内在需求。

（2）创造性地提出解决方案并带动其他要素参与。

（3）创造长期稳定的价值观，持续带来正向增长。

不管环境、区域、时间、雇主怎么变化，以上这些都是设计不变的核心。希望大家聚焦核心价值，以乐观的心态迎接未来。

站酷网编辑：张曦

FULL TIME DESIGN

01 全职设计篇

平台零距离

在高标准严要求的大型乙方公司，
设计师要成为"十字型"人才——
中国勘察设计专家吕宁专访

导语： 管理者谈"设计职业价值"系列访谈之中国勘察设计专家吕宁："设计师要上得去，下得来，形成'十字型'能力结构。"

建筑与风景园林依然是世界上最大的人工造物，它们是经济、技术与组织化的结晶，是人类智慧与审美的体现，同时也承载着人们的社会活动与精神文化。那么，设计师在这个群体中发挥着怎样的价值呢？

2019年《中国工程勘察设计行业报告》指出，我国具有工程勘察设计资质的企业中，在2019年末从业人员有463.1万人，其中，设计师有101.5万人，比2018年增加了10.7%。设计师在从业人员中的比例大于21%。

为了解工程勘察设计与建筑行业中设计师们的工作状态，我们拜访了中国最大的勘察设计机构中国中建设计集团有限公司的副总园林师、城乡与风景园林规划设计研究院副院长吕宁。

中国中建设计集团有限公司是世界上最大的投资建设集团中国建筑集团有限公司的全资子公司，是国内专业最全、规模最大的国有甲级建筑企业之一。依托于"中国建筑"强大的资源优势，提供"策划、规划、设计、投资、建造"全产业链服务，主要业务范围包括工程策划咨询、城市规划设计、风景园林设计、装配式建筑设计、文物保护工程设计、建筑设计、室内装饰设计、基础设施勘察设计、PPP业务、工程总承包业务及工程监理、招投标代理等。

在这样的大型国有乙方公司中供职的设计师们如何展开工作？他们又面临哪些挑战？跟随本期站酷对吕宁老师的专访，来了解一下！

设计团队规模与人才结构

站酷网：设计师在贵司的员工数量比例是多少？

吕宁：中国中建设计集团有限公司的直营总部现有在岗员工（含海外）2300余人，其中经国务院批准享受政府津贴的专家4人，各类（一级注册建筑师、一级注册结构工程师、注册设备工程师、注册暖通工程师、注册监理工程师等）国家级执业注册人员210余人；科技研发人才240余人；教授级技术职称24人；中、高级职称以上技术人员900余人。就我们城乡与风景园林规划设计研究院来说，设计师大概占90%左右。

设计师职责与价值的变化

站酷网： 在我国工程勘查行业发展的不同阶段，设计师的职责和价值都发生过怎样的变化？

吕宁： 设计师要上得去、下得来，形成"十字型"能力结构。

我国建筑景观行业是设计与施工分离，设计师只负责设计，设计周期仅在设计阶段或与施工阶段有部分重合。这种模式的优点是设计与施工互不干扰、互不掣肘，责任明确；弊端是设计脱离工程施工和运营实际，过于理想化，而设计的意图在施工阶段被弱化、偏离甚至曲解。

现在国际通行的建筑师负责制，与传统的设计相比，改变了设计师目前单一的设计负责人的身份定位，除了方案设计、初步设计、施工图设计，设计师还要对横向的水利、道桥、结构、灯光、市政等相关专业的设计予以总体控制，纵向负责项目前期策划与可行性研究、施工招标、施工监理、工程协调、团队领导、采购招标、合同管理、造价控制、施工管理等多方面，并且参与主持竣工验收，承担总体协调和总设计师的角色，对项目最终价值与品质起着关键作用。

设计师首先要具备较为广泛的专业技术能力和组织管理能力，具有极强的专业服务精神和责任心，还要有成本概念与投资控制能力。面对这些高标准、严要求，设计师也要在能力和素质上全面提升。

设计师要为业主提供全生命周期设计咨询管理服务，最终将符合建设单位要求的建筑产品和服务交付给建设单位。

作为一名景观设计师，我们的价值是解决人与环境、与社会之间的问题，让人更好地生活。同时，景观设计是艺术与科学的融合，整个设计既要考虑实用性，也要兼顾美观和可持续性。项目既要具备前瞻性，又要有很好的落地性，通过专业的分析，我们要引领业主，不能仅仅着眼于现在，还要可持续地给业主带来长期价值。

因此，我院目前正在探索和实施以设计为主导的EPC模式，发挥设计的前瞻优势，整合协调上下游企业，整体把握项目效果、进度、运营和可持续性。

在高标准严要求的大型乙方公司，设计师要成为"十字型"人才——中国勘察设计专家吕宁专访

案例介绍

2017年河北省第二届旅游发展大会期间，由我院承担策划、规划、设计、施工、运营全产业链打造的秦皇岛闆（bǎn）城小镇，被评为"河北省2017年度不得不访的十大特色小镇"之一，收获了超高人气，并在大会观摩运营结束后，顺利移交给当地政府组建的运营主体公司。2022年4月29日，春暖花开之际，经过运营公司新一轮业态微调的闆城小镇新装亮相，再次迎来游人如织的景象，充分证明这套全产业链模式效果显著，如图1-7所示。

图1-7 秦皇岛闆（bǎn）城小镇

离小镇仅500米，游客步行可直达的板厂峪景区，不仅有倒挂长城、火山长城等长城奇观，还有长城砖窑群、九道缸瀑布、古火山口（石简峡）、斑鬣狗化石等自然景观，如图1-8所示。

图1-8 板厂峪景区

既有专注研发秦皇岛当地历史文化和特色的土菜美食，也有闹中取静的茶院与长城文化博物馆，还有由老院落改造而成的新民宿，如图1-9所示。

图1-9 茶院、长城文化博物馆、新民宿

资料来源：《后旅发时代，这座小镇仍获万众期待？全产业链打造模式是关键》

工作节奏与模式

站酷网：贵司设计师的工作节奏怎样？是朝九晚五，还是弹性工作制？出差频繁吗？

吕宁：我们上班时间是早上九点半至晚上六点，当然，如果项目进度紧张，可能会需要加班，午夜或周末加班都有可能。

一个典型的项目，会经历甲方提出需求、设计师出方案、招投标、确定方案、绘制施工图、施工、审计、验收等过程，这些过程中的项目汇报、考察、现场服务等都需要出差。由于我院的项目遍布全国各地，为业主提供全生命周期的服务，所以出差频率比较高。主创人员和项目负责人以上的职级出差会更多些。

站酷网：项目是由你们在职的设计师做吗？还是会外包给一些设计公司？

吕宁：我们设计集团相对来说专业是比较齐全的，有规划、建筑、景观、市政、水、电、结构、暖通、装饰等专业，所以项目整体都是由我院的设计师们来统筹规划的，大部分执行工作也都是我们自己做的。但由于风景园林包含的范围非常广泛，在一些我们不专业的领域，还是会与国内外知名的专业设计师们合作。术业有专攻，每个人不可能什么都精通，但作为风景园林设计师，一定要知道每个不同专业里谁是最专业的。

考评方式

站酷网：你们如何考评设计师的产出价值？

吕宁：设计师原来的产出价值更多是按绩效来确定的，就是画了多少图。现在，设计师的价值还应该体现在社会效益、生态效益和经济效益等几方面。

1. 社会效益

首先是文化传承，我们希望我们的每个项目都具有当地特点，不能出现千城一面的状况，要挖掘、传承和发扬当地的特色，深入挖掘出甚至当地人都不知道的文化。其次是甲方老百姓认可，我们自己也经常会做当地老百姓的回访，了解有没有解决他们的居住环境问题，掌握项目所创造的社会效益口碑。

还有就是行业内获奖。院里的项目每年都会去参加国内外具有行业公信力奖项的评选，如IFLA（International Federation of Landscape Architects）国际风景园林师联合会、中国勘查设计协会、北京工程勘察设计协会、中国风景园林协会等。

2. 生态效益

在生态文明大背景下，中国已经进入碳中和、碳达峰时代，生态问题对中国未来几十年的发展、影响都是巨大的，是解决地球人类生存的问题。

3. 经济效益

将经济效益放在第三位，并非因为它不重要，反而它是最重要的，必须要在满足前两个条件的基础上产生经济效益。现在全国绿地、公园养护每年的费用支出金额巨大，给政府带来很大负担，所以我们也提出运营前置的概念，项目之初就要考虑项目全生命周期的可持续发展问题，避免出现建得挺好、后期却荒废的情况。

案例介绍

过去40年，我国经济快速发展，对各类矿产资源需求巨大，无序和掠夺式开采带来的后遗症影响至今，导致在城市周边和远郊山区出现大量的采矿遗址，对当地生态系统造成极大伤害，成为"地球伤疤"。我们目前遇到的案例以石矿废弃地、煤矿废弃地为主，如图1-10所示。

图1-10 废弃矿山

废弃矿山存在三大问题：安全性问题、生态环境问题和可持续发展问题。城市近郊与乡村周边，不同位置的矿山有不同的修复模式，如图1-11所示。

图1-11 不同位置矿山的修复模式

废弃矿山天然具有资源、资产和资本属性。在赋值手段上，以生态增值为核心，形成"资源-资产-资本"的完整闭环，如图1-12所示。

图1-12 "资源-资产-资本"完整闭环

资料来源：《废弃矿山生态修复|生态增值目标下的修复篇》

设计管理心理

站酷网：在设计管理上您有哪些独特的经验？

吕宁：让正确的人做正确的事。比如，有这样一种设计师，他们热爱设计行业，带着情怀做设计，虽然很累，但心里觉得值得。对这样的设计师，设计成果需要被充分尊重，不要打击他们的创作热情。我会尽量从"哪些地方的功能还不满足""哪些与设计规范相冲突""哪方面的改进能让设计方案与项目环境更协调"等方面给出反馈。

另外一种设计师个性稳重，擅长制作详尽的施工图、跟进后期施工，但有时在设计细节上仍有提升空间，我会与他们经常交流如何思考细节。

有些设计师创意天马行空，但遭遇的问题常常是方案施工可能落不了地，或者与项目当地的气候、水土等既有条件差异太大；而擅长推进施工落地的设计师们，往往又容易过度被规范束缚，展不开想象力。

在对设计师的培养方面，我们会平衡考虑，尽量避免上述问题，让他们全周期参与工程项目。我比较推崇"建筑师责任制"，认为设计师要懂方案、懂造价、懂合同、懂材料，未来我们依然有许多人才培养的工作需要去做，要走的路还很长。

站酷网：通常对设计的哪些偏见容易带来问题？

吕宁：误解一，设计师只考虑效果，不考虑造价控制。

因为我国一直采用设计与施工分开的制度，甲方有一种惯性思维，总认为工程造价应该由施工方来控制。但从实际项目落地效果看，造价最好由设计师控制。过去缺少建筑师负责的制度，设计师往往会从他们认为的最佳方案开始做。但对甲方来说，设计师眼中的最佳方案可能存在很多问题：资金是否真的被投入在解决最核心问题上？成本能不能控制？设计师有没有站在甲方角度思考问题？到底多少施工成本的投入才算是好作品、好项目而且可落地？

误解二，设计只要按照甲方的设计任务书做就可以。

如果设计师在做规划时，无法从整体视角、长远眼光去布局，而仅仅是听甲方的话，逐一解决局部问题，往往最终会导致甲方的钱花了，项目效果却不好。刚投入使用三五年的项目，又要重新规划设计和施工。对甲方来说，这样既不节省成本，也不轻松，而作为乙方的设计者，最终也会失去甲方的信任。

"建筑师责任制"是我国区域规划改造的一个关于设计师职业的趋势。设计师本身要具备丰富的经验，才能取得甲方信任。与此同时，为解决甲方政府与各级设计院设计方案与施工的对接问题，我国也在优化工程项目对接流程，开始推行"责任规划师"制度——责任规划通过接受专业学会和行业协会的继续教育和培训，对职责范围内的规划建设与管理提出专业意见。

责任规划师是由区政府选聘的独立第三方人员，为责任范围内的规划、建设、管理提供专业指导和技术服务。在指导规划实施方面，责任规划师的主要职责包括参与项目立项、规划、设计、实施的方案审查，独立出具书面意见；参与责任范围内重点地段、重点项目规划设计的专家评审，所出具的评审意见应作为专家评审意见的附件；按年度评估责任范围内的规划设计执行情况，收集问题和意见建议，及时向区政府和规划自然资源主管部门反馈。

设计师如何走向未来

站酷网：你如何看待未来设计师在职业上的状态，或者未来设计的发展？

吕宁：未来将是全民创新的时代。我们要机制创新、方法创新、思想创新。

勘察设计行业的主案设计师首先要解决问题，实现建筑与环境和谐相融，然后是创新，兼顾美学的同时实现功能性，最终让项目落地。项目投入使用后，得到社会各界的认可，这里不仅具有使用价值，也具有社会价值。可以说，整个过程都需要设计师来主导。通过重新设计的城乡区域改变人们居住的城市空间，提升并改变一代代人的审美品位。百姓的美好生活，主要还是通过对环境的重新设计来体现。

1. 未来设计师的知识结构，首先是多专业合一

过去设计师往往是相对单一的知识结构，景观设计师就做景观，建筑设计师只负责建筑；但现在做设计，需要设计师打通各专业领域间的知识壁垒。一个好的设计师，可以不用具体画出另一个设计领域的工程图纸，但需要能看到其他领域如何与自己的专业和工程相结合。

2. 未来设计师更像是城乡区域规划改造的协调与统筹者

设计师不但要有过硬的专业知识，还要能对项目整体有所把控。

现在我们承接的很多项目不仅仅是公园类项目，还有区域规划改造，涉及市政交通、居民社区、景观建筑与园林造景等，先做整体统筹，规划方案确定后，再分派给市政部、水利部等各部门。

3. 未来设计师要不断适应越来越"聪明"的工具

未来设计与大数据的结合将会更紧密。"人工智能+设计"模式带来的改变正逐步显现，会对未来设计师的工作方式和人们的生活带来深远影响。比如，很直观的是，现在建模工具更智能，设计师的方案往往能快速生成，这就要求设计师要比以往更能理解需求和做出创新。在对工具的学习上，所花费的时间可能会变少，但在感性创造方面，所花费的时间将会变多。

用一句话来总结就是，设计师要更深（更有深度）、更广（更有广度）和更新（更有创新）！

中国中建设计集团有限公司 · 城乡与风景园林规划设计研究院

城乡与风景园林规划设计研究院是中国中建设计集团有限公司（简称"中建设计集团"）的成员企业之一，隶属于中国建筑集团有限公司（2022年《财富》世界500强第19位），具有建筑设计甲级、城市规划编制甲级、文物保护工程勘察设计甲级、风景园林甲级等多项资质，通过"三标"质量管理体系认证。

机构大事记

2014年，中建设计集团城乡与风景园林规划设计研究院正式成立。

2015年，创新推出乡村振兴设计施工总承包一体化新模式，填补中建设计集团EPC版块空白。

2016年，开拓文旅度假版块，乡村旅游扶贫工作得到国家相关领导的肯定。

2017年，成立运营中心，为国家部委展开标准研究。

2018年，正式组建中建文化旅游发展有限公司，填补中建设计集团文旅运营版块空白。

2019年，荣获IFLA、BALI等多项国际景观行业奖，与文化和旅游部、国家体育总局、国家林业和草原局、国家发展和改革委员会等政府部门建立合作。

站酷网编辑：纪晓亮　张曦

FULL TIME DESIGN

01 全职设计篇

平台零距离

"钱多事少"并不直接带来成就感，理想状态依旧不易达成——大型甲方出版社设计总监专访

导语： 管理者谈"设计职业价值"系列之某出版社设计总监，聊聊在社里工作的苦与乐。

一份钱多事少离家近的工作，人人都想要吗？同样都是做设计，在不同性质的企业中，工作状态也有差距。根据站酷2022年的调查，有60%参与投票的酷友，自称是在为他人提供设计服务的乙方公司里供职。很多酷友曾留言说，在乙方公司工作很辛苦。然而，设计师进了甲方公司，是否就真的意味着拥有了想象中那种更清闲的工作？

为此我们采访了一位供职于国有企业性质的大型出版社美编中心的设计总监，让他谈谈在社里工作的苦与乐。

本文由专访整理而成，并不代表所有"业内人士"的观点，因为即便是身处行业之中，也总有看不明白的地方。

文章中涉及以下几个方面的讨论：设计师的工资计算、被考评的方式、每日的工作时间，以及其他人如何看待设计师。

这些内容都只为探讨在这样一个人们观念里的传统行业、国有企业中，设计师真的是如想象中的那么清闲吗？他们的设计成果又以何种方式被参评？是否和其他机构里的设计师一样，有着相似的苦恼和迷茫？

大型国有出版社有怎样的设计中心

站酷网： 大型国有出版社拥有怎样的设计中心？

佚名： 出版社的美编中心，相当于设计部，年度运营成本相对于全社可以被忽略不计，部门目前不到10人。除了总社这个中心，下属的各个分社也会有一位设计师，隶属于各分社的营销中心，工作内容通常是做些书签、宣传物料和电商详情页等，这样能做到当日下需求，当日出图，流程灵活且沟通成本低。

社里设置自己的设计中心，从图书出版工作流程上看也很方便，我们承接了全社年度出版图书的大部分封面设计工作。可以说是用相对较低的运营成本，解决图书制作的重要一环。这个部门短期内既不会被解散，也没有可能瞬间扩张。

一本书从策划到销售，会经历"策划—编辑—排版—封面设计—校对—审稿—印制—发行—营销推广—销售"等流程。设计师基本上是负责封面设计或装帧设计环节。整个出版流程前后由20个人来负责，其中，设计工作只需要1个人。

图书策划编辑相当于书籍产品经理，把控整个流程。图书在经过内容的图文编辑之后，从排版开始，可以说都是图书的生产部门的工作，由策划编辑为各部门分发任务。美编中心的设计师是图书制作中的一环。

可以这样说，出版社是一个大甲方公司，美编中心是这个甲方中的乙方部门。无论在哪里做设计，设计师都是乙方，一定会有甲方，图书编辑和作者都是我们的甲方。

设计师的价值有提升吗

站酷网： 随着行业变化，设计师的价值有提升吗？

佚名： 从出版行业整体看，近几年获设计奖的图书越来越多，设计师在出版流程中的参与度越来越高。我们社里现在有些书的选题，策划编辑如果觉得不错，会拿着书稿来找我谈，希望我能提前思考书籍设计的问题。

尽管市场上获奖的书变多了，但我们社里的获奖书还是比较少，主要还是管理上没有相应的机制。因为做一本报奖书需要更多时间去打磨，但我们确实没有更多时间。如果要我们做那种全装帧设计，美编中心一年最多只能做十几本书。

我认为决定设计师能否全程介入一本书的装帧制作，主要取决于3个方面：时机、成本、编辑的信任。

如果图书作者本身有素材，并且直接找我来谈书的设计，编辑可能就会更多考虑核算与把控成本。我们做出版，管理费很高，往往需要压缩成本才有收益。通常只有编辑和我们设计师双方都觉得很重要的书稿，才值得这样去做。

从行业角度看，社里可以说比较落后，但编辑对图书质量的要求已不再满足于只做一个漂亮封面，我们也在慢慢改变！

设计中心的工作节奏

站酷网： 日常工作节奏怎样？

佚名： 我们部门每年会接下一千多本书的封面设计，占全社出版图书总数量约三分之二，另外三分之一，编辑会找外包设计合作。

我们社出版的书并非百分百是市场类图书，品类中相当大的一部分是教辅教材。对于设计师的工作量来说，设计一本教材和设计一本市场书，执行工作量很接近，但市场化图书需要更多构思。设计师与甲方编辑和作者之间的一大矛盾在于，设计师往往觉得教材没必要做那么好看，但甲方编辑和作者认为教材的出货量更大，更应该在设计上面多花心思。

从工作量上来看，可以说平均每人每个工作日都会做一本书的封面。

我们上班朝九晚五，但几乎都会加班，也只有我们美编中心是需要加班的。这些加班也可以说是大家主动的，因为做不完。但没有到通宵加班的那种程度。除非有很好的外出学习机会或行业博览会、交流会，不太会有人想出差。

设计中心的考评方式

站酷网：如何考评设计师的工作成果？

佚名：在社里做设计有个好处是，这里不比稿。

设计师的个人收益由两部分组成——基本工资和根据每本书的工作量来计算的浮动收益。收入与图书销量和获奖情况都不挂钩。设计师的工资也与职称评级相关。评职称通常是看国家基金支持的选题数量，如果能获得一些行业奖项，也有加成作用。

想在这里躺平，只需要完成每个月的定额工作量即可，但只能拿到基本工资。我会确保团队里的每个人至少都能完成定额。

在职设计师与外包设计师的区别

站酷网：你们机构中在职设计师与外包设计师最大的区别在哪里？

佚名：如果我们失去甲方编辑的信任，编辑就会把书拿给外包设计师去做。但社里的美编中心与外包合作相比，各方面成本都很低，包括设计费与沟通成本。我们和编辑同样都在社里上班，沟通起来相对比较容易。对于甲方来说，找到一个沟通顺畅的设计师很难得，这通常是外包设计合作短时间内无法达到的。

外包设计合作也会产生以下反复出现而难以解决的问题！

（1）设计师对整个出版流程与书籍工艺的了解不那么深入。

（2）产生额外的字体与图片版权费用。

（3）原始设计文件丢失，使书籍重印麻烦重重。

我们社里在职的设计师与外包合作的设计师之间最大的差距是，编辑对我们工作完成度的要求不一样。

我们可以向编辑争取到更多话语权，可以花更多时间商量、探讨，前期沟通更充分，使得设计成果具有更大弹性。

编辑发给外包设计师去做就意味着乙方的设计成果必须达到编辑要求，才能顺利完结项目，拿到尾款。有时尽管外包设计师的技术很强，也会因不了解企业文化，做出来的风格并非是编辑想要的。

外界对在大国企做设计的误解

站酷网：其他人对社里的设计师有什么误解吗？

佚名： 在一些同事眼里，觉得我们工作挺辛苦的，因为我们总是显而易见下班最晚的。

另外一种偏见是，很多人觉得设计师过得挺自在的，因为从收入上看，在出版中心的印前生产部门（校对、材料管理、印制等）岗位里，设计师收入也是最高的。别人看到我们做的封面时，会觉得"这个东西挺简单呀"，因为他们不理解过程，意识不到其中的智力投入。

还有一种误解，有不少市场化公司里的设计师会觉得，在我们这种单位工作枯燥、没成就感或者收入少等，也有设计师了解了我们的工作后，觉得在这里工作还是挺舒服的。

在大国企真的可以"混日子"吗

站酷网： 有人说在这样的大国企可以"混日子"，是真的吗？

佚名： 混不了。在这里工作基本工资几千元，如果不求上进，只求拿基本工资，不如在家待业成本更低，出来上班还是要花钱的。

有不少人对出版社里的工作有些误会，认为朝九晚五规律的工作很清闲，不懂这个产业的外人，可能看不懂编辑们在忙什么，也许他们认为处理书稿是一件很容易的事。另外，很多人觉得，在这里工作反正不会被辞退，那你们为什么不是在混日子呢？你们工作的动力在哪里？

我不否认有少数人在混日子，但这里至少98%的员工是认真对待工作的。无论是设计师还是编辑，每个出来工作的人，还是希望有成就感和与工作成果挂钩的个人收益。

时光会磨平一个设计师的初心吗

站酷网： 作为一个设计师，影响价值感的因素和动力在哪里？

佚名： 作为出版人，把你想要传达的信息表现出来，这是设计师的使命。这一点已经实现了。但受制于书籍制作成本和时间，我们都只能尽力去做，成果往往达不到心中的理想状态。

有的编辑拿来书稿时，其中的图片编辑环节，作者和编辑已经商定好了，设计师没有话语权，但我们心里很清楚，若从整本书的选题和内容出发，会有更好的选图、编排方案。这时的矛盾是设计师本应可以更早地介入图文编辑，让整本书的视觉呈现效果更好。但现实是，甲方只让我们负责封面设计。

也有比较开明、经验丰富的编辑，在选题阶段，还没形成图文稿时就来征求我的建议，包括面对的读者是谁？在什么场景下阅读？书要做多大？多重？在这些方面设计师都可以给出建议。

如果设计师只做封面，经验积累到一定年限，日常工期内仅仅把封面做好看并不难，但若想从书籍内容出发整体规划视觉呈现，就需要更多投入。

我已经入行20年了，觉得自己应该去做一些题材好、自己喜欢的书，仍然在为想要做出好作品而努力。

让我困惑的是，我进入出版社以后，我的前辈在十几年前就已退休，他们不会用计算机做设计，是用激光照排的老美工。这个行业里，几乎再也没有见过比我更年长的设计师了，他们都去哪里了？我离退休还有近20年，而我却没有前辈可以参考，未来何去何从？

站酷网编辑：张曦

FULL TIME DESIGN

01 全职设计篇
团队零距离

爆款频出的背后，有一个多元分工、
快速迭代的团队——抖音设计中心
负责人小灰专访

导语： 设计师如何参与到 6 亿用户的产品中？ Leader 又该如何去保护好伙伴们内心对设计的热爱？
站酷对话抖音设计中心负责人小灰。

抖音从2016年上线，到2020年8月日活用户数突破6亿。在快速增长的产品背后，支撑它的是一个怎样的设计团队？张一鸣说，字节跳动聚集了一群务实、浪漫的人，所谓的"务实、浪漫"，就是把想象力变成现实——face reality and change it。

站酷首次采访到抖音设计中心负责人小灰，揭秘在国民现象级产品抖音发展的不同阶段，设计师如何"务实、浪漫"地参与到抖音的发展中？那些具有浪漫情怀、天马行空般的作品带来的价值是如何被衡量和运用的？

小灰的切身体会是：只有对设计热爱，才能坚持。在对设计师的管理上，保护好这份热爱也是管理层需要思考的重要命题。

抖音设计团队拥有怎样的探索空间？他们如何创造设计的话语权？

团队是如何保护设计师们的热情与敏锐感，同时将心中热爱转化为商业价值的呢？

本期由站酷网策划出品的《管理者谈"设计职业价值"系列访谈》之专访抖音设计中心负责人小灰，谈谈抖音设计团队的管理思维。

团队组建与品牌成长

站酷网：可以简单介绍一下抖音设计中心吗？

小灰：大家可能对抖音都比较了解，除了抖音，我们还支持多个产品的设计，如火山、剪映、轻颜、醒图等，负责短视频、直播、社交、影像、音乐及平台产品等多类生态的设计。

组建抖音设计团队时，我心中有个命题，希望团队自身能在原有基础上不断迭代，于是打破了当时互联网公司设计团队UI、交互、用研等常规结构。特效道具是短视频产品中比较重要的一环，也是我们的一个特色，所以在分工上也相对多元化，分为体验设计、特效创作、文创制造三部分，特效跨团队合影如图1-13所示。

图1-13 抖音"漫画变身"特效跨团队合影

站酷网：抖音的设计比较有特点，可以讲讲最初抖音是如何被设计出来的吗？

小灰：最开始是一个小众的尝试，初始团队只有10人，第1版的总设计师只有24岁，但所有团队成员都非常笃定——要拿出超出用户预期的产品。

最初设计这个产品时，我和设计师纪明说："你放开了去想，不用太拘束"。当时市场上的竞品大多是亮色调的，他尝试制作了一版色调重的，加上亮色辅助，风格既酷又有张力，得到团队的一致认同，可能每个设计师都会有这样的想法："我能不能做出与众不同的东西来。"

当日活用户数超过6亿后，我们将"抖音短视频"直接改为"抖音"，为品牌带来更多留白体验，如图1-14所示。其他作品如图1-15所示。

图1-14 抖音主视觉的变化

图1-15 抖音作品展示（部分）

站酷网：抖音从 0 到今天的日活 6 亿，其中设计团队遇到的挑战是什么？

小灰：抖音设计的难点在于泛化和全民化，用小众的设计语言去探索广泛用户的接受程度。

不论是DAU（Daily Active User，日活跃用户数量，简称日活）上的增长，还是内容生态的拓展，抖音从最开始的潮流短视频变成了集直播、电商等于一体的产品，这背后不仅需要设计思维，不只是单一的"好不好看""改个文案"，更需要品牌思维、产品思维甚至战略思维。

举个例子，现在抖音上线了浅色模式。深色用于视频浏览时效果最好，但在看文本、评论或搜索时，用户感觉比较吃力，尤其是新冠肺炎疫情时期，黑色会让人感觉更压抑。

上线浅色模式仍然不够。在抖音上，所要解决的不只是看得爽的问题，更需要把这个"虚拟线上社会"更美好、更真实地呈现出来，甚至让用户触碰并感受到。所以，抖音设计语言 2.0 的愿景的是：轻松"感·触"美好生活，如图1-16所示。

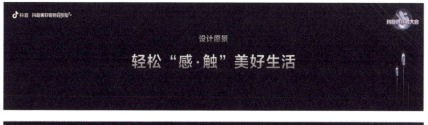

图1-16 抖音设计语言2.0

资料来源：抖音设计语言2.0升级案例《"感触美好，向光而行"抖音设计语言升级》

设计团队的价值体现

站酷网：回顾抖音设计的不同阶段，设计价值如何体现？

小灰：按DAU的增长划分，抖音经历了3个阶段——孵化期、发展期和成熟期。在这3个阶段里去评估设计成果产生的价值，其中第3个阶段最难。

孵化期，设计的价值还没有明显体现，这时设计序列的人数最少，人效很高，此时设计拥有的空间和话语权在3个阶段中是最大的。在孵化阶段，设计的价值体现并不明显。

发展期，设计的目标需要快速迭代，此时设计价值主要体现在数据增长上。设计团队的人数达到了一个效能合理的水平，设计师在人数上的占比有所提升，但话语权是3个阶段中最低的。在发展期这个快速增长阶段，数据最能体现设计的价值。

成熟期，抖音DAU超过6亿，更像是设计价值的"迷茫期"。设计师主要做设计探索，畅想更多可能性的同时做落地验证，尽管很多试验不能直接推动产品转化，但设计的话语权却有所提升。我们大胆尝试做"体验设计的数据化"，核心产品收益通过公式综合计算得分，它就是设计价值的反映，虽然很难，但仍然实现了目标。

抖音一开始是做音乐短视频的，后来做直播、做电商。我们走出的第一步是实现商业价值。现在，我们在尝试沉淀社会价值。数据对于量化证明设计产出很重要，但最重要的是，通过设计服务用户，改变他们的生活。这些是真实的社会价值，也正是因为这样的社会价值，抖音才扛得起6亿用户。

团队的设计价值观

站酷网：你觉得什么是好的设计？设计师要为商业成功负责吗？

小灰：设计师是否要为商业的成功负责？我觉得需要，因为设计是互联网产品必不可少的一环。

这个问题的答案其实是我加入字节跳动的初心。2012年中国的移动互联网刚刚兴起时，我就开始做设计，曾经做过Freelancer，做过乙方，也做过小而美的产品，收到过各种各样正面或负面的反馈。2016年，我开始迷茫——什么是好的设计？

其实这涉及"设计价值量化"和"用户审美"的问题。假如5年前问我，我会坚持自己的审美，认为我喜欢的就是好的。但更多情况是我觉得红色好看，别人觉得绿色好看，结果就是不停地争论，其实是审美标准的对抗，没有绝对的对错。后来我转变了思路，觉得要更加深入地了解"观众"感受。

那就要主动接触在座的每个用户，知道他生活中的审美是什么，再通过公式去观察他们各自的数据，这样我们的设计产出就不是被动的，价值是可以被印证的。

如何保护设计师的创作力

站酷网：作为 Leader，如何面对设计师的"创作低谷"？

小灰：这个也是设计管理的价值之一。首先要承认这个问题，每个人不可能永远在兴奋点上。一旦效率低了，马上就把他吊起来，那这根弦是会绷掉的，所以才会有很多人去放空。放空就是在解决精力低谷，再试图回升到顶峰。

具体的方法为：第一，合理安排工作节奏；第二，给到足够的空间，让设计师自驱。这个就回到了张一鸣的观点：充分沟通，而不是充分控制（Context not control）。

站酷网：怎么激发设计师自驱，保护他们对美的捕捉和对生活的热爱呢？

小灰：有奖惩机制即可，比如我们拉齐业务目标，写在OKR上。如果仅用1个小时就完成它了，剩下的7个小时做自己的事也没关系。我只要判断它有没有风险或负向，没有的话放手去做。我们也鼓励大家做自己热爱且擅长的事情，没必要所有人什么都得会。在一个产品的攻坚阶段，每个人的特征越明显，往往越能将事情解决得好。

我们会鼓励大家多出去走走，"没事找事"，做设计以外的事，去更好地保护对美的捕捉和对生活的洞察力。比如，去年设计师们联合用设计语言演绎了公司的使命愿景。

总体有3类设计以外的事情我比较鼓励大家去尝试。

（1）让设计师能够重返校园，能将所学的知识讲给学生，在这些学生心中埋下一颗种子，设计师自己也很有成就感。

（2）参加公益，今年我们去和来自"星星计划"的孩子们一起画画共创。

（3）挖掘文化和非遗艺术，开阔眼界。

今年7月，我们去上海的"星星计划"公益行动做团建，希望能有更多人看到心智障碍孩子的光芒。与孩子交流、共绘，是一个相互治愈的过程，能够激发孩子的想象力，同时也让团队成员找回了学设计、追求美的初心，如图1-17所示。

图1-17 抖音上海"星星计划"公益行动

什么样的设计人才适合抖音

站酷网:你们喜欢招什么样的人?如何吸纳这些人才?

小灰:总体是热爱设计、善于思考、务实的人。我们也一直在大范围寻找这类设计师,非常期待他们的加入。

在招聘时,我们首先看中"热爱"这个关键词,它非常珍贵,而不是学历或工作经验第一。其次看设计师的实际作品和设计产出。关键点是怎么认定哪些东西是有代表性的产出。比如，你在作品集里放上了自己的文身作品，很可能简历就被刷掉了，但在抖音里，我们会看作品中的创意思维、线条和颜色的把控，以此判断设计师的潜力。

我们敢于招"不一样"的设计师。团队曾招了一些设计师，也许在艺术界他们不存在争议，而在商业界可能会有些争议，比如文身花臂、街头潮流风的设计师，他们可能是美妆达人、拍摄达人，甚至可能拿过很多设计大奖——这些从表面是不太容易看出来的。

最关键是公司能否运用好他们的情怀与热爱，给予更多空间，让设计师将自己内心的渴望与当下年轻人喜欢的设计元素融合进产品或者文创周边，呈现在用户面前。我的切身体会是，只有对设计充满热爱，才能坚持。

满足这些，往往就能吸纳多元的设计人才。

站酷网：想要打造多元兼容的团队，你们怎么找到适合的人才？

小灰：各种渠道都能招聘人才。我们身边可能就有感兴趣的朋友，在某些生活场景中，如蹦迪时就遇到了有趣的设计师，随口问一下是否愿意来抖音工作，有时可能就差这一步。他们听到邀请，也许会心动，只要愿意尝试，平台接受了他，就能成为我们当中的一员。

站酷网："热爱"这个词语经常被提及，但到底如何判断设计师是否真的热爱？

小灰：关于如何判断设计师是否热爱自己的工作，团队Leader们对于人的判断也在持续优化中，所以我无法给出通用答案，以下几点过往经验仅供参考。

（1）面试过程中会让他们充分放松，尽可能表现出真实的自我，甚至是生活中的状态和爱好。

（2）试用期考察。判断一个人对工作的热情，在字节跳动我们称之为"投入度"，如果你的自驱力很好，大概率会对这份设计工作热情很高。我希望设计师能以创业的心态对待项目。

有时面试时会遇到一些转行做设计的候选人，对于他们，我们会格外珍惜，因为是真的热爱才会放弃之前的行业，从零开始做。

团队招聘时并不限制年龄。年轻人的优点是学东西快，但缺点是容易迷茫和不稳定。有一定工作年限的设计师，往往会清楚自己为什么而做事，有很强的责任心。有一位特效设计师，因为自己的女儿很喜欢用抖音特效，所以她来到这里工作。团队里还有一位刚做了母亲的站酷网推荐设计师，她之前非常专业、较真，当了妈妈后责任心爆棚，领导力上也升华了。他们身上体现出的责任感是需要阅历沉淀的。

如何帮助设计人才持续成长

站酷网：什么样的培训对设计师行之有效呢？

小灰：最大的培训是信息同步。我们每个双月会做跨团队的设计分享，邀请不同职能的人来交流。比如，产品设计师能不能了解一下运营在做什么？品牌设计师能不能多和产品经理聊聊？理解这个路径为什么这样做交互设计？在这个过程中培养自己的判断力和思考力，大家彼此之间也会更加欣赏和认可。

另外，对于设计上的通用能力，我们靠工具的优化来解决。比如素材库和组件库，不需要去教授技巧，只需要把这个工具做到最优。任何一个新人来做，都能立刻上手，如虎添翼。

第三，是对于品牌理念的拉齐，让人知道抖音为什么是这样的品牌，为什么抖音要讲美好。要去软性地引导设计师把这些理解转化到设计产出上。

站酷网：有什么想对站酷设计师说的话吗？

小灰：其实我是一名站酷网老用户，我从站酷网初创时期，就开始关注并汲取营养和灵感，当时还是一个稚嫩的设计师，到今天应该已经有十几年了。时至今日，我依然有上站酷网的习惯，在这里看大家分享自己美妙的设计作品，无拘无束地讨论设计问题，天马行空地表达自我。

站酷网编辑：张曦

FULL TIME DESIGN

01 全职设计篇

团队零距离

"T"型人才参与战略规划，用颜值传递品质——花西子视觉合伙人文渊专访

导语： 管理者谈"设计职业价值"之专访"花西子视觉合伙人"：设计师是专业型人才，并非"螺丝钉"。

从品牌创建伊始，用3年时间做到年营收30亿元的国民彩妆花西子，随着业务量不断增长，内部团队人员快速扩张，时刻考验着团队的管理能力。这个中国新锐美妆品牌下的设计团队，是用什么样的思路来管理的呢？

由站酷网策划出品的《管理者谈"设计职业价值"系列访谈》，对话花西子的视觉合伙人文渊，探讨他对设计管理的心得。

设计是品牌战略的重要一环

与相对更"传统"的电商和品牌不同，我们的设计师并非仅执行运营、产品团队下派的需求，而是在品牌创立之初，就参与了战略规划。

从品牌创立至今，花西子视觉整体都是一脉相承的。在已有定位上，视觉团队还会倾听消费者和业内人士的反馈，不断在吸收、采纳、建议与保持品牌特色中寻找平衡。花西子的品牌资产由全公司各团队的成果共同构成，在设计层面，公司给予了很多重视，从一开始就希望设计成果能成为花西子品牌记忆的一部分。

从初创到成长，设计团队的每一步中都会以品牌理念为核心，在能触及的所有视觉领域，在每一个版块中都做深度探索与研究，并高标准执行，力求精益求精，达到最佳视觉效果，如图1-18所示。

图1-18 花西子双十一西湖定制礼盒

设计师是专业型人才，但不是"螺丝钉"

我们公司的设计师的价值在于让视觉形成"网状结构"，它是整个品牌底层的视觉逻辑。只有在这个底层稳定的支撑上，品牌才会越建越高。

花西子的设计团队可以说是一个"纵横交错"的团队，在追求专业深度的同时，也会思考不同专业之间的广度与连接。

纵向按设计专业划分为产品、文创、插画、空间、CG、影视、平面设计等执行团队，横向由来自4A公司与一线杂志的伙伴们通过项目把不同专业设计师串联起来。比如，在纵向上，有在国际彩妆公司中做光刻纸的工艺师，能搭配出数百种有趣玩法；在横向上，有4A公司的资深创意总监做方案规划，横向与纵向相互交错在一起形成了一张网。

以年度大型项目为例，在前期规划时成立项目组，项目组会带上4~5位不同专业的设计总监，与研发版块、产品版块、策划版块和运营版块，包括CEO一起做项目。随着项目后续推进展开，视觉版块中的产品、文创、插画、空间、CG、影视和平面设计等，也会开始动态交替加入项目。

团队作品《花西子"苗族印象" 全案》从整体创意到产品制作，再到页面、视频广告、艺人大片等诸多内容，团队历时一年才完成，如图1-19所示。

图1-19 花西子"苗族印象" 全案

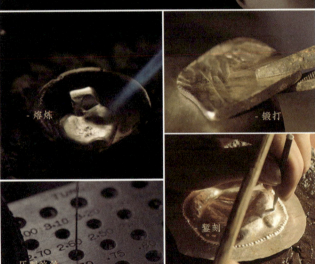

图1-19 花西子"苗族印象" 全案（续）

图1-19 花西子"苗族印象" 全案（续）

设计效能提升的经验：减少改稿

关于如何控制改稿次数，下面分享我的3个经验——目的性、专业度、思考方式。

1. 目的性

无论是接收需求时，还是得到反馈时，我们是否真的理解了对方的目的是什么？我们有时因为不好意思问，有时因为不敢问，而让自己以为懂了。其实不懂就要问，不明确还是要问。不要认为提问是失败的表现。

2. 专业度

这是一个最实际的问题，提升自我眼界和扩展边界是设计师发现问题的核心。问题其实无处不在，有时不是不能解决而是不懂如何解决。我们内部有一条死命令——专业词汇只对内不对外。如果大家的沟通方式都用自己专业的词汇去表达，那么沟通时不仅无法解决问题，还会加大负担。

3. 思考方式

隔行如隔山，首先要懂得尊重专业。产品经理有他们的思考方式，运营人员也有他们的思考方式。当我们在表达自己的作品时，是否考虑过他人的沟通方式？是只能自己听懂，还是对方也能听懂？当你清楚地知道一个项目的硬性诉求时，也就拥有了足够的专业度。

设计价值观：我们追求"不设边界"

价值观是花西子设计团队的"1"，能力是"1"后面的"0"。如果没有前面的"1"，加多少个"0"都还是"0"。因此，能力再强，价值观不匹配，对于我们团队而言也不合适。团队内有句话："胜则举杯相庆，败则拼死相救。"

我们会针对每个版块设计人员的专业能力和行业内影响力进行考核。希望设计师们不仅仅在公司里优秀，而是放在整个相关领域的行业视角下，也是优秀的人才。

另外一个是设计师扩展认知边界的能力。比如，负责品牌视觉的设计师刺夜，除了能输出设计作品，还是半个运营人员。他同时具备用户思维、成本思维、品牌思维等能力。这样的人做设计，往往对品牌与视觉的理解更透彻。

设计师成长的三个重要阶段

与互联网公司类似，我们依据设计师个人特性和成长路径，将他们分为管理岗（M）与技术岗（P）。

设计师刺夜是从最初团队组建时成长起来的成员之一，现在已是品牌视觉部负责人。他的成长过程分为3个阶段——认知、巩固、突破。

第一阶段：认知

刚入职时，因为年轻气盛，刺夜跟团队的融合性并不高。在看到团队有比他更厉害的人和经历几次项目的挫折后，开始出现迷茫的情况。于是我开导他："不是你设计做不好，可能是你努力错了方向。"

团队设计师分为P类和M类。

（1）P类：他们拥有非常强的执行天赋，喜欢安安静静地去思考设计。放在古代，他们更像隐居山林的贤者，每一次作品的展示，无须他们多表达，就能从作品中感受到震撼和内涵。

（2）M类：他们拥有非常强的沟通能力和思维逻辑，这种类型的人性格活泼，放在古代他们是战场上的将军。拥有天马行空的想象力，能抓住重点，并且能够快速组建人员和资源，单兵作战或许他们比不过P类，但团队作战他们是P类的最佳主脑。

我问他："你对自我认知是否清晰？"当他朝着对的方向发力后，就能事半功倍。

第二阶段：巩固

刺夜完成第一阶段对自我认知的剖析后，便开始步入第二阶段——巩固。先重新回顾平面构成、美术概论、中西美术史等设计基础理念，再学习品牌理论、团队管理等，在这个过程中开始逐渐扩宽和巩固基础。看似简单的回顾和学习，让他重新认识了什么是设计，什么是管理。

第三阶段：突破

刺夜在这一阶段开始轮岗，去了解运营人员怎么思考、产品经理怎么思考、用户怎么思考，甚至还要去做用户调研，了解花西子美妆产品的成分等。当再次回来做设计时，就会发现设计最终是要为用户创造价值。

刺夜通过这3个阶段，把一份对他来说普通的设计工作变成了他热爱的事业。

团队培养设计人才的有效四步

团队人才培养主要通过4个方式——选、用、育、留。

1. 选

我们每天都面临大量选择。如何选一个适合自己发展的行业？如何选一片适合自己的土壤？在一家大型公司，如何选一个适合自己的部门？

选择无处不在，而我们需要把选择简化。既然已经来到我们团队，那就先做两个选择——你适合做一个艺术家，那就选择技术P岗；你适合做一个赋能者，那就选择管理M岗。

先只做这两个选择，确定了大方向，才会有未来再细致化的成长路径。

2. 用

刚开始设计师都不会接触大型项目，他们所接触的都是很烦琐且需要反复打磨的事情。一方面夯实基础，另一方面设计师也能从实践中发现自己的优势和劣势，让自己更明白哪方面应该查漏补缺，哪方面可以继续发挥自身优势。

3. 育

我们会引进课程，教一些方法论，甚至还会轮岗，培养他们的思考方式及看待事物的广度。虽然公司不是学校，但我也希望这些好的方法论能传承下去，让设计师少走弯路，更快、更明确地达成自己的目标。

4. 留

认可是最有效的原动力，也是他们在团队继续发展的核心。福利、荣誉、岗位等，都是他们获得认可的途径。我们内部就有一个"超级玩家"荣誉奖，我觉得设计师最大的认可就是作品。每个月，8个部门会选出最优秀的设计作品进行PK，胜出作品将获得"超级玩家"称号。除了基础的奖金及荣誉，"超级玩家"的获得次数将会决定未来出国学习和晋升的机会。

"管理"是个伪命题

技术岗设计师走的是资深技术路线，深度挖掘文化中的美学，研究最新设计趋势动向；管理岗则是思维与统筹路线，研究行业深度等。

但技术岗和管理岗的区分并非是绝对的，因为优秀人才所具有的底层认知能力，能让他们打通不同领域的知识。专业纵深能力很强的技术岗设计师，通常也具备管理统筹能力。在我们团队，能胜任管理岗的人，也一定是懂技术的。所以越是高级别人才，无论是技术岗还是管理岗，对他们的招募要求或评估往往越相近。

个人认为"管理"是个伪命题，面对一个岗位分类复杂的序列，我们的管理在原则上只有3点：

（1）我们尊重专业，永远相信专业的事交给专业的人去做。

（2）我们希望设计师能了解工作的目的和边界在哪里。因为设计师们往往会脑洞大开，想法容易天马行空，所以要为他们设置边界。

（3）放松但不放纵。在灵感枯竭时，我们允许设计师出去走走，比如去附近的咖啡店、奶茶店办公，或者看看设计展寻找灵感。但有一个要求，就是项目要在节点内完成。

一方水土养一方人。团队设计师的职业发展基于公司这片土壤，而我们努力耕耘着这片土壤。希望设计师们能像一颗种子，都能在这片土壤上生根发芽，最后成长为参天大树。

始于颜值，忠于品质

花西子的设计在行业里得到了很多朋友的关注，在我看来，因为视觉设计是一种效能很高的投入，视觉设计的成果就是作品，效果显而易见。尽管设计是品牌资产的重要组成部分，但品牌的支撑还是产品本身。

中国古人很早就会使用植物花卉、动物油脂等天然物质修饰面容，古籍中有很多美容养颜配方，我们想将它们应用到现代化妆品制造技术中，但有很多专利配方和原材料，需要花费更多时间去研究和攻克。实际上，在花西子的组织架构中，研发与产品团队的复杂度、人数，包括研发费用投入，都远超设计团队。

可能因为"颜值"这一点是最直观可见的，自然而然也被人们过多讨论。其实，在花西子中，有句话是"始于颜值，忠于品质"，公司各团队都遵循"为用户创造价值"的产品理念，在时代对新消费品牌大浪淘沙的过程中，我认为这才是花西子可以走到今天的真正原因。

站酷网编辑：张曦

FULL TIME DESIGN

01 全职设计篇

团队零距离

专人专项精细化运营，
寻求产品与用户的最佳沟通
——松鼠传媒创始人赵昂雄专访

导语： 管理者谈"设计职业价值"之专访松鼠传媒赵昂雄：精细化运营时代，是设计师最好的时代。

随着互联网流量之争已完全转变成"红海"，商业竞争开始转向存量市场的激烈角逐，不但考验着商家的运营能力，也对各层级的服务商提出了前所未有的挑战，怎样才能做好一家乙方公司？就此问题，我们采访了松鼠跃动、松鼠传媒创始人、阿里巴巴淘宝教育企业数字发展特约专家赵昂雄，探索精细化运营时代，如何打造高效能的乙方设计团队。

松鼠传媒是一家在站酷上获得近1600万人气，专注打造新锐品牌的电商行业品牌营销与设计服务的典型乙方。赵昂雄说，截至2021年11月，他们合作过的品牌，超过90%都有业绩增长，30%的品牌业绩以超过3倍的速度在增长，在行业享有"成功案例最多的公司"的美誉，也是头部全案营销公司。电商格局之争无时无刻不在变革，服务行业需要有更合理、更灵活的团队。赵昂雄认为，总体来看，设计师最好的时代已经到来。

由站酷网策划出品的《管理者谈"设计职业价值"系列访谈》，对话松鼠传媒创始人赵昂雄，探讨精细化运营时代下，如何打造高效能的乙方设计团队。在他看来，设计师最好的时代已经到来。

精细化运营时代，是设计师最好的时代

我国电商行业的发展经历了3个阶段：1.0电商时代、2.0电商时代和3.0电商时代。

1.0电商时代是平台增长的红利时代，以产品优势赢得市场份额。电商行业起步竞争多是产品上的竞争，商家通过产品优势赢得更多市场份额，关注点也在打造产品竞争力上。此时设计的优势与价值体现并不明显，设计师往往被动沦为做运营图的工具人，大部分电商视觉也只承担着商品说明书的角色，商品详情页内容只需将产品描述清楚即可，不会过多考虑创意表现与消费者的感受。

2.0电商时代，产品同质化严重，表现为运营力的竞争，这时商家之间的竞争点已不是产品，而是运营力，拼流量、拼价格，流量涌进店铺后，如何快速转化成消费者，是商家面临的问题。此时，设计在店铺优势方面起到核心作用，设计作品

的作用从过去的"说明书"变成更能卖货；设计师开始以消费者的视角去看、去感受，通过感性诱导、理性说服、新创意等各种方式来丰富设计作品，赋予商品更为具体的意识形态。可以说，这时的设计更有商业价值，也更有尊严。

3.0电商时代，平台流量红利退去，店铺流量增长乏力，商家间的竞争既不是产品力的竞争，也不是运营力的竞争，而是存量市场下品牌力的竞争。平台开始出现"二八效应"——20%的品牌"吃掉"了80%的流量，剩余80%的品牌争夺仅有的20%流量。商家都想跻身20%的头部品牌，而设计在其中发挥了关键作用。消费者线上购物时主要通过视觉了解品牌和产品，所以设计的表现不再单纯是以前"粗暴"的卖货页面，而是开始关注品牌调性、品牌性格、品牌差异化，寻找品牌与消费者之间更好的沟通方式。电商平台开放支持的设计形式与效果也越来越丰富，设计的价值被无限放大。

后电商时代影响行业的竞争点转移为在用户心智资源位建立认知优势。泰兰尼斯是童鞋行业的高端品牌，线下门店超1000家，覆盖城市超200个，松鼠传媒在2020年与泰兰尼斯达成了战略合作。

案例展示

团队作品《泰兰尼斯童鞋品牌全案》，如图1-20所示。

图1-20 泰兰尼斯童鞋品牌全案

专人专项打造优秀作品

松鼠传媒的定位是专注于新锐品牌力打造的营销策略公司，服务内容是品牌全案、品牌创意、爆款打造和品牌营销，主要是帮助品牌提升品牌力。目前，松鼠传媒也是世界500强公司的S级合作伙伴，已经与很多新锐品牌达成战略合作，拥有自己独创的方法论。

松鼠传媒的总部位于深圳，在杭州设有分公司，拥有员工100多人。设计师是公司的核心团队，占比1/3以上。公司除了设计部，还有策划部、运营部、摄影部和项目管理部。每次执行一个全案项目，都有超过20人专项配合，专项固定的设计人员5人左右，赋能设计岗5人左右。

设计团队分为品牌设计部、电商设计部和赋能部。

品牌设计部包含平面设计、包装设计等岗位。

电商设计部分为几个设计组，主管向总监汇报，每组有6~8名设计师，包含资深设计师、高级设计师和中级设计师。

赋能部包含插画组、三维组和精修组。三维组划分得比较细，如产品建模渲染、场景建模渲染、IP建模渲染；精修组分为人像精修和产品精修。

细分赋能部的最大意义在于，一个优秀的作品如果全部要求一个人来完成，比较困难，专项型人才将使项目更快推进。设计师专注在某一个板块上，技能也会越来越精通。松鼠传媒的主设计师只需重点关注创意、项目整体进度、设计执行与组织协作，而图片精修、渲染、建模、插画甚至字体设计，都由专项人才配合。可能很多公司没有这样精细化的岗位配置，要求设计师一个人拥有很多项技能，设计师既要会精修，又要会合成、建模、渲染、画插画、做版式，这样的人才不但很难找到，也容易造成个人能力杂而不精。

以项目成果为导向是设计师最佳的工作节奏

松鼠传媒是乙方公司，所以难免会有加班、出差等情况。公司早期因为人少，大家都是自觉管理，没有实行考勤打卡制，如果下班晚，第二天就来晚一点。随着公司的不断发展，人员越来越多，没有考勤制度将很难管理，所以还是需要建立考勤制度，但要人性化一点，比如晚上加班打车会报销，如果加班到很晚，第二天既可以调休也可以晚到。

我认为设计师理想的工作节奏应以项目成果为导向，平时在工作中对他们不用过于监督，主要考核设计师的作品结果输出和对项目交稿节点的把控即可。同时，设计师往往很在意工作氛围，他们不喜欢特别沉闷的氛围，而喜欢活跃的做事氛围，年轻、有活力、有想法就马上执行，以同理心态共同解决冲突。

案例展示

团队作品《达利集团双十一〈梦回80年代〉全案新视觉营销》，如图1-21所示。

图1-21 达利集团双十一《梦回80年代》全案新视觉

设计管理的关键是恰如其分的沟通

很多时候，设计管理最大的问题就是缺乏沟通。

设计是一个很感性的岗位，设计师们通常也极具个性。设计岗不同于运营岗，因为设计无法通过数据去评估，所以对于设计管理，我们的核心有以下两个：

（1）尊重创意。尊重设计师的想法和创意，不要束缚他们。

（2）保持同频。不仅是管理者与设计师保持同频，还需要设计师与商业、与客户之间保持同频，避免陷入自我创作过程中。

商业设计并非任由设计师天马行空，而是需要带着"镣铐"跳舞。这个"镣铐"来自你的客户，基于品牌内核、商业思考等。设计过程是一个被反复否定和说服的过程，往往是诞生偏见的源头，是管理中最容易产生矛盾的地方。我们要在尊重创意和保持同频之间把握平衡。

考核的核心原则：不为设计而设计

松鼠传媒坚持一个考评核心——不要为了设计而设计。我们的创意绝大多数服务于商业目标，对设计的考核一定是分岗位。

对设计部的考评，一方面，设计总监与主管围绕设计师的作品、设计能力进行考评，主要是创意和执行力；另一方面，每个项目都有管理团队，基于客户反馈对设计师进行绩效打分，因为客户通常会站在商业角度去考虑问题。

对赋能部的考评，如精修、渲染、插画等，来自各小组组长和总监对技能的打分，同时，赋能部也要为设计师赋能，设计部的同事会评估赋能部的配合程度。

案例展示

团队作品《liyi99×悉植新锐品牌打造》，像关注孩子的牙齿一样，教育他们爱护头发，如图1-22所示。

图1-22 团队作品《liyi99×悉植新锐品牌打造》

专人专项精细化运营，寻求产品与用户的最佳沟通——松鼠传媒创始人赵昂雄专访

图1-22 团队作品《liyi99×悉植新锐品牌打造》（续）

设计效能四元素

根据我们的经验总结，影响工作效能的因素主要有以下几个。

1. 基础技能

设计师需要具备熟练的软件功底，而不是只会一两种设计工具，当面临一个全新的任务时，如果没有强有力的技术功底作为支持，仅以最原始的方法或技巧执行，不但效率低，而且产出质量不好，如平面结合三维、静态转变动态等，在这些问题面前会显得力不从心。

2. 设计流程化思维的预处理能力

哪部分工作可以前置规划？哪些内容可以提前准备制作？只有具备对设计过程的拆解能力，对实现的标准和难度把控都了如指掌，在面对需求时才会更加游刃有余。

3. 抓取重点的理解能力

是否具备快速抓取客户重点需求的思维能力，对信息的提取和思考，在翻译呈现过程中发挥创意的作用和价值，这是决定是否需要返稿的最重要一环。

4. 提案能力

设计师的提案能力非常关键。做设计很多时候不仅要"做"，"说"也很重要，学会和客户沟通，表达自己的想法，大部分设计师都不具备提案能力。

在提升设计师个人效能方面，松鼠传媒内部做了非常明确的岗位赋能分配，让每个岗位上的设计师都能专心聚焦于自己擅长的领域。同时，松鼠传媒拥有独到的方法论，定期组织团队分享会和培训会，对设计师面临的工作困扰给出一个公开且深入讨论的解决途径，在其他人身上获得有价值的经验。

团队与个人的成长要靠长期主义

提升能力主要靠"长期主义"。帮助设计团队成长的3种方法如下。

1. 专项学习

每位设计师都有不完美的地方，善于取长补短，正视自己的短板，就需要学习相关领域的知识点，直到能学以致用时再放过自己，耗时耗脑，没有捷径。同时，专项小组的多人协同和激励方式也层出不穷，还会为优秀者提供外出学习的机会。

2. 轮岗思考

当设计师遇到瓶颈时，需要给他们一点降噪空间。长期处于一种故步自封状态中是内耗，缺乏对"不同寻常"的理解和认知，对于一切都陌生且毫无方向，就很难产生新的渴望。轮岗的意义在于，你就像在一个屋子里待久后憋出自我怀疑感，出去遛个弯很多事情就想明白了。

3. 成就分享

让创意这件事不仅停留在自我陶醉的过程中，而是让他人也能感知设计的意义；分享也是一个自我巩固的过程。设计需要深厚的热爱和坚持，特别是在电商设计领域，涉及的知识、人与事物都很广。设计界不缺后浪，但缺拔尖的人才。最直接快速地成长方式，就是向身边团队里的成员多沟通学习，所以我们公司有定期分享会。

设计师要扎根在行业中，以应对竞争与变革

1. 未来电商领域，设计师不能仅有技能

以往对于设计师的职责和价值评判来自个人的设计技巧，现在需要成长为资深专业设计人才，那么就需要具备商业思考广度和垂直领域的前瞻视野，才会让设计更有深度和价值。这需要拥有电商运营的思维和更高阶的品牌决策思考，能站在消费者的角度，谋消费者所想，做消费者所需。

2. 无论电商领域发展到哪个阶段，都离不开"人—货—场"的设计思维

"人"是消费者，也永远是商业策略布局的出发点、切入点。"货"是指好产品的即时传达，然后迎合细分"场景"的消费诉求。设计行为的本质是对信息的提取、整理和呈现，在兼顾美感与创意的不同形式下，让信息发挥出最大的商业价值。设计执行的过程，就是设计师发挥最大价值的过程。

当前国内电商行业已经进入营销精细化时代，激烈的竞争环境让商家几乎没有试错机会，更需要专业的数据化、精细化及市场化团队为品牌和店铺赋能。

电商竞争格局无时无刻不在革新，无论是技术更新、市场需求、管理思维还是审美趋势，都没有一成不变的套路，需要扎根在各个领域保持高度专注。未来电商的从业门槛会越来越高，设计师不仅需要加强自己的设计技能技法，更要学习运营和品牌，懂得审美趋势，拥有品牌思维。

站酷网编辑：张曦

FULL TIME DESIGN

01 全职设计篇

职场二三事

因热爱而开始设计，
为谋生而坚持上班

导语：职场人的技能发展与效能优化，不仅仅需要个人的努力，更是企业雇主们需要永恒探索与反思的管理痛点。

今年8月至9月，站酷网上线了4期职场话题的投票，分别涉及考评、求职、入行薪资和在职时间等4个全职设计师最为关注的话题。活动上线30天，总计超16700人次参与了投票。数据显示，"入行薪资"是大家最关心的话题，超过6300人参与了这个投票；而"如何考评设计成果"对于设计职场"打工人"来说是争议最大的话题。

本文是由站酷网策划出品的"设计职业价值"访谈系列下的一篇，汇总了4期投票的结果，文中的所有观点只为探讨，并非定论。关于如何提升职场人技能发展与效能优化的话题，不仅仅需要个人的努力，更是企业雇主们需要永恒探索与反思的管理痛点。

设计公司的考评方式

设计产出的结果是创意性的，在公司中的工作成果到底该如何被评判呢？全职设计师在公司里如何被考评？

"作为全职设计师，你所在的公司的考评方式是？"的投票为多选，样本数 $N>4000$。投票结果显示，26.4%的设计师认为是老板或上司说了算，18.4%的设计师认为自己的工作完全没什么考评可言，如图1-23所示。

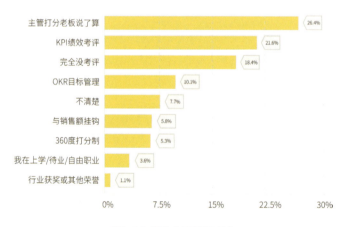

图1-23 设计公司考评方式

OKR目标管理是近几年才兴起的新型考评方式，尽管其合理性仍然会受到质疑和讨论，但有10.1%的设计师表示，他们采取的是这种以在时间节点内完成目标为主的考评方式。

站酷会员留言

我们有日报、周报、月报、工作进度评估表、阅读绩效评分表，工资不高，规矩挺多，天天开会，细化到每个人每一天的每一项工作都会在会议上过一遍。

21.6%的设计师认为自己背负着KPI。也许有些领域的设计成果可以通过某些数据侧面被评估，但很多"从天而来"的KPI恐怕无法让设计师心服口服，容易引发设计师们的巨大无奈。

站酷会员留言

在上一家公司工作时，我是动画师，因为没有商业广告动画的单子，就只能去开号做抖音P动画，KPI的考核是月播放量必须达到100W，点赞量需要超10W，每个人一周必须出一个搞笑文案（公司有专门写文案的）。我不理解，为什么一个做设计的，需要去考虑主管的工作。

好设计是"专家看了拍手，群众看了点头"？在行业内具有公信力的平台推荐（如站酷网推荐）、设计赛事获奖等，的确能作为设计师的能力背书，然而对于全职设计师来说，工作成果仍然需要由公司说了算，而某些"奇葩"的考评方式，将对设计师的工作热情带来灾难性打击。

站酷会员留言

我之前工作的一家公司的考评方式是，由设计部内部成员互相投票，"英雄佳作"奖金2000元，十几个设计师抢一个奖，结果可想而知。利益之下同事间的关系也很紧张，拉票的拉票，结伙的结伙，做得最好的设计果然没被选上，评了个拉拉嘴子上去，老板看了要求重评。然后，拉拉嘴子又给评上去了，老板私下里给我1000块钱说，你别有意见，好好干。一般设计做得特别好的设计师，性格都很内向，不善言辞或者不擅长在别人面前表现自己，但是这样的人最有可能吃亏。

设计师找工作的方式

想要做好设计，需要多方沟通，但设计师通常独立推进成果，给人以"人狠话不多"的印象，或者性格内向，或者不擅长自我表达。尽管近几年业界认为，经过内推而找工作，人与岗位更匹配，但靠作品说话的设计师们还是有65%通过在各个招聘平台上投简历而找到工作，仅有12%的人能实现朋友介绍或内推。

"你是怎么找到目前这份设计工作的？"此投票为单选，样本数N>2800，结果如图1-24所示。

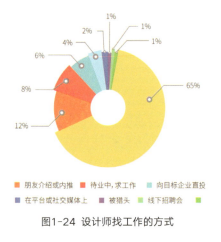

图1-24 设计师找工作的方式

毕业后第一份工作的薪资

有超过6300位酷友为第一次全职上班做设计的薪资投了一票。以下数据并未做专业、地区等筛选，需要综合考虑通货膨胀和地域收入差异等因素。另外，该数据并非当下起步做设计的准确薪资水平。

"毕业后你的第一份工作薪水是多少？"此投票为单选，样本数N>6300，结果如图1-25所示。可以看到，一毕业所找到的工作月薪就在18000元及以上"出道即巅峰"的设计师，仅有2%。

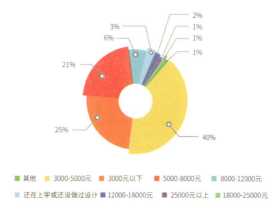

图1-25 毕业后第一份工作的薪资

绝大多数设计师与其他领域的职场白领一样，都会经历或长或短的探索和摇摆的职业上升与成长期，随着对行业规则与自我了解的逐渐加深，才在设计这条道路上找到适合自己的领域和赛道。

站酷会员留言

2017年做UI设计，8K。2018年辞职在家闭关进修半年。2019年做视觉，税后8K~10K浮动。2020年做小资深视觉，稳定10K。2021年做美术指导，开始15K~20K。回头看，付出过多少努力只有自己知道，一分辛苦一分收获。

第一份工作是亚马逊平面设计加摄影，5500，坐标深圳。
第二份工作是视觉设计+包装设计，多为儿童绘画用品和节气海报，还有部分UI，7000，坐标深圳。
第三份工作是餐饮品牌视觉设计，7000上下浮动，坐标贵州。
第四份工作是自己创业，攒到了一点钱，但后期交友不慎，合伙起冲突就解散了。
第五份工作是3C类美术指导，什么活儿都干，1.4W上下浮动，坐标深圳。
以上是2017年—2021年的全部工作经验。

2020年毕业，坐标西安，UI设计师。

大学学的是印刷工程，和设计沾了一点点边。2018年开始学设计，网上找教程自学，2019年开始在淘宝上接私活赚取生活费。

2020年毕业后，第一份工作是一家小外包公司，第一个月工资3K左右，后期积攒了一些客户私活，加上工资在6K左右，后期公司效益不好就离职了。

第二家公司是一家培训机构，工资5K，每天很轻松，空闲时间比较多，就趁机学了MG动画和产品的一些知识。8月底离职找工作，拿到3家公司的offer，目前所在的这家公司是9K，双休，不怎么加班，每月加一些副业接一些私活，收入大概在11K～14K左右，下一步的计划是学习插画和C4D，想在两年后跳槽到一线互联网公司，希望以后会越来越好！

最长一份全职工作的年限

尽管90后、95后新生代职场人的离职率在前段时间成为职场热议话题，但也可以这样说，做设计的能力，往往也意味着它是一种可迁徙性更强的职业技能。通常在一家公司供职超过5~6年，更有可能被雇主视为"终身"雇员，而这次投票显示，在同一家机构供职5年以上的投票者仅为12.9%。

"最长的一份全职设计师工作，你做了多久？"此投票为单选，样本数N>3500，结果如图1-26所示。

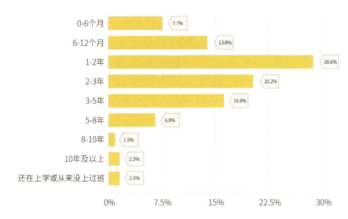

图1-26 最长一份全职工作的时间

不同的年龄会因何而离职

一份针对新生力（90后、95后）的职场生态调研报告显示，不同年龄段会因为不同的理由而从一家公司离职。

95后离职原因前三名：薪资不满意、团队氛围差、没有成长。

90后离职原因前三名：薪资不满意、团队氛围差、没有成长。

80后离职原因前三名：薪资不满意、团队氛围差、没有上升空间。

除去薪资不满意、团队氛围差，90后和95后新生代职场人更看重个人成长，有灵敏和感性的特质，能采取灵活新颖的方式行动，个体适应力强，反应速度快，但也容易发生耐力不够、延迟满足能力欠缺的情况，难以达成长期目标。同时可能会过于依赖情绪价值，导致缺少全局观，评判事物的标准单一，做不到批判性思考。

虽然从一家公司离职，完全不代表设计师从此不再热爱设计，但往往也绕不开一个老生常谈的话题——职业倦怠感。可以说，它是职场人常见的身心困扰。

站酷会员留言

开始因兴趣相识，结束向现实低头。

为了兴趣而开始，慢慢地不喜欢了，为了挣钱而坚持。

警惕六个职业倦怠"陷阱"

职业倦怠是一种长期过度压力导致的情绪、精神和身体的极度疲惫状态，但在世界卫生组织的《国际疾病分类》中并不被归属为疾病，而仅是职场现象。据统计，超过60%的职场人有不同程度的倦怠感。

心理学家 Maslach 与 Leiter 在1997年提出了"场合中的人"模型，认为职业倦怠来自人与工作场合之间长期存在的不适配。这些不适配包括以下6个方面：

（1）工作负荷不适配——不仅是常规理解的工作量超负荷，也可能是工作类型不匹配。比如，即使工作量不大，但对工作内容陌生、缺乏相关技能等。虽然从长期角度来看，职业技能与经验可以通过"学习—反馈"而习得，但在较短的时间内会导致压力暴增。

（2）控制力不适配——责任与权力的不对等，对资源掌控不足。比如，一个好项目缺少人力、时间和预算，或者无法以人们认为最有效的方式开展工作。

（3）奖励不适配——不仅仅是没有得到充分的经济报酬，也包括没有得到足够的社会回报（不被他人认可）和缺乏内在回报（发自内心地觉得自己的工作毫无意义）。

（4）团队氛围不适配——团队成员间长期存在未解决的冲突，或者有些工作流程使得人们彼此隔绝或在社交上变得冷冰冰。这些冲突不断加重沮丧和敌意等消极情绪，并进一步减少了获得支持的可能性。

（5）不公感——话语权的不一致，在出现争执时往往让人感到自我价值被否定。被不公正对待的体验，加剧了人们对工作场合的冷漠和轻慢。

（6）价值观不适配——可能是不认同公司的文化，也可能是工作过程中有不符合自身价值观或违背道德感的事情。

调查显示，职场人或多或少会在以上6个方面存在不同程度的人与工作的不适配。那么，达到什么程度时，可以判断出自己是职业倦怠呢？

处在倦怠期会有以下3种明显感受。

（1）力不从心的精力耗竭感。

（2）对工作内容与服务对象的心理距离加深，产生消极、厌倦的怠慢感。

（3）渐渐感觉自己能力下降的效能降低感——不但工作提不起精神，家庭生活和朋友关系也受到影响。

身心长期处于压力之下，人们解读情绪的能力也急剧下降，容易导致包括同事、朋友、家人等各种社交关系紧张，甚至最终关系破裂。无论是企业还是职场人，正确认识并解决组织与个人的效能问题，都需要一个持续探索的过程。

设计师往往是拿作品"说话"的人，对工作有着高期待、高追求，甚至是带有"完美主义"，对于自己的成果十分在意，但经常在有限的资源和条件下，成果无法达到预期，加之互联网上的成功与励志的故事随处可见，最终导致信心与自我认同感备受挫折。

那么，作为职场设计师，应该如何调节心情呢？下面给出4个小贴士。

（1）增加掌控感。尝试将注意力和精力放在自己能掌控的范畴内。比如，更多地将注意力放在提升自身生产力的方向上，同时，也要学着接纳很多时候工作成果可能的确难以达到预期的标准。

（2）找到其他可以弥补工作损失的途径。如果工作中满足不了自己的创造欲，那么就考虑在休息时进行创作；如果价值感一部分是源自乐于助人，业余时间也可以投身公益事业。

（3）分清娱乐与放松，做到真正有效休息。选择适合自己的休闲方式，而非过度过量的娱乐、运动或奇怪的极限挑战，避免造成进一步能量消耗。

（4）除了提高自身能力，还要学会审视所处的环境是否对身心有益。

什么时候该考虑离职？有专家建议，当在上司身上消耗掉的精力（向上管理），远远大于该做的事情本身时，这份工作便也无法再为个人和机构创造真正的价值了。

结语
遵循"一万小时定律"，获得真正的一技之长

虽然偶尔"丧"一下，有助于认识与表达自己内心真实的情感和状态，但对于很多设计师来说，在设计这条路上继续坚持，仍然是大家主动的选择。很多设计师在坚持学习的同时，也在迷茫着。"一万小时定律"也让设计技能真正变成了一技之长。

站酷会员留言

最大的感触就是累，真的累。
白天在公司，要不停地作图修改；晚上回到家，还要不停地学习，想办法做白
天做不出来的东西。看着室友下班就玩游戏，真的很羡慕！即使是这样，也很
迷茫，如果不做设计了，还能做什么？

仅有的一技之长，所以依然坚持，最大的感触就是不能停止学习。

　　在一条条酷友们的留言中，实际上除了薪资、考评、求职方式等话题，设计师
还普遍存在年龄焦虑。而具体到个人的实际情况，也许并没有那么悲观。还有一些
酷友，在设计之路上摸索出了让自己开心的方式，如有同伴相互支持时，主观上就
不再感觉那么艰辛了。

站酷会员留言

因为发现软件的"化腐朽为神奇"而加入，又因为结识了一批又一批的优秀大神
而坚持。

站酷网编辑：张曦

FULL TIME DESIGN

01 **全职设计篇**

职场二三事

朝九晚五这些年，"内卷"还是"二次成长"

导语： 不同类型的企业，对设计序列的管理方式和资源投入有何不同？我们邀请了几位不同公司的设计师，针对"设计的价值""设计师的话语权""日常工作时间""考核方式""对薪资的满意度""培训及学习"等话题，谈谈他们的现状和感受。

本文是由站酷网策划出品的"设计职业价值"观察系列下的一篇。近期,我们采访了10位工作在不同公司的设计师,从他们所感知的"设计的价值""设计师的话语权""日常工作时间",以及"考核方式""对薪资的满意度""培训及学习"等方面进行了解。不同类型的企业,对设计序列的管理方式和资源投入均不同,也只有身在其中做设计,才能深解其中味。

10位访谈者的讨论并不代表他们的行业,文中没有好与坏、对与错的评判,也不涉及该去"鼓励拼搏"还是"可以躺平"的讨论。这10家公司所属的类型有:国营企业乙方、国营企业甲方、民营企业乙方、民营企业甲方和外资公司。我们先从乙方公司开始今天的话题(文中的10位设计师均为化名)。

沈嘉宜,80后,设计负责人
国有服务与营销策划公司(国企乙方)

我们公司是国有集团下属的一家承接某种政府服务与营销策划的国企乙方,设计师在项目启动的第一时间就会介入。甲方客户越来越看重项目的视觉呈现与服务体验,公司也重视对设计团队的投入,因为设计方案的品质及与甲方客户沟通的质量,是公司项目竞标夺标的关键。以前公司会将设计外包,后来组建了自己的设计团队,公司需要领域里有丰富经验、能与甲方客户顺畅沟通对接的人。设计师占部门人数的10%,作为设计团队负责人,我向策划总监汇报工作,日常工作与项目策划对接,从初期招投标开始,会全程跟进项目到竣工。

工作节奏:上班时间9:30~18:30,除项目封闭期出差,日常不太加班。

考核&薪资:工作考核按承接项目的体量、工作量和部门整体利润考评,薪资并不与绩效挂钩,超过北京的平均小时薪资,对薪资的整体满意度一般。

培训&学习:公司提供的培训包括公司制度、法律法规、市场政策及管理常识,没有针对业务专业的培训,也许这些培训对在那里做设计有"潜意识"的影响。

王岳，90后，设计Leader
船舶行业研究机构（国企乙方）

我们公司是一家国际海洋与船舶领域的研究机构，隶属于中国船舶，属于甲方中的乙方子公司。

无论是公司还是行业，设计师越来越被看重。在一个项目中，设计方案是公司在竞标中超越对手的关键因素，设计师是方案的缔造者和责任人，也是公司里创新思维的领导者。我相信，随着时间的推移，设计师的话语权和含金量会越来越高。

我们团队的设计师分为平面、三维和交互设计岗位，人数约占子公司的4%。设计会在项目前期就参与到策划工作（概念设计）中，中期负责输出方案设计，项目竞标中标后，参与负责落地制作，以及最后的项目竣工图等收尾工作。

工作节奏： 工作时间是8:30~17:30。

考核&薪资： 考核按年度负责项目的订单额、落地项目数量和个人在项目中发挥的作用进行考评。薪资和绩效关联很大，除基本工资，每月绩效和年终奖占很大比例。薪资超当地平均工资，目前还比较满意。

培训&学习： 只有国企的常规培训，没有针对设计专业方向的培训。

林林，85后，Product Owner
欧洲IT服务公司（外企乙方）

我在欧洲大型IT 服务软件公司工作，严格来说是乙方。作为ToB公司，我们为企业提供软件服务，软件中需要有界面，所以公司里的设计师可以说是UX，但设计师身处研发部而不直接面对客户。设计师的话语权比较弱，研发人员与设计师人数比例是50:1。我已经从设计师转岗成为Product Owner，在这里，进一步理解公司产品的业务逻辑是设计提升话语权和影响力的方式。

工作节奏： 正常8小时工作制，不加班。

考核&薪资：考核是年终Manager打分决定。薪资相对固定，考核最多影响一点涨薪幅度，对小时薪资相对满意。

培训&学习：公司很重视人员培训投资，可以申请参加设计行业重要大会，也可以参与人均2000元/天或3000元/天以上的相关技术培训。IT服务行业中有很多认证，我会鼓励公司的设计师去参加。因为只有能与技术人员顺畅对话，才是设计师在公司里提升话语权的方式。对我来说，提升最快的是碰到一个能带自己的Mentor。

明迪，90后，美术指导
数字化营销服务商（民营乙方）

我们公司是数字化营销服务商，我所在的部门做品牌型网站建设，从行业角度看，设计的价值在提升，现在甲方客户无论公司大小、品牌知名度强弱、预算多少，在品牌官网建设上，他们对设计的预期都很高。从公司来看，设计师的话语权并没有显著提升，项目大多会出现排期紧的问题，设计师的话语权还是降低的，因为压缩项目执行期让设计师们不得不加班且在质量方面被迫妥协。

我的同事包含了设计师、开发和测试工程师、PM、AE等，设计师人数占比为20%，作为部门的美术指导，我通常负责高预算的大客户，日常我向公司创始人兼品牌总监汇报工作。

工作节奏：上班是朝九晚六，相对弹性。进入公司前两年加班很多，负责大客户后就不再频繁加班。我觉得在技能熟练到一定程度后，对设计的感知往往需要在生活中积累。

考核&薪资：考核主要看工作量，另外是在站酷网上发作品，以证明自己的设计水平在提升。薪资由基础工资加基础工资的10%绩效工资组成。小时薪资其实也高于当地互联网行业从业者的平均薪资，但我并不是很满意。

培训&学习：公司有每个专业方向的公开课，可自由参与。对我来说，经验提升最快的是设计团队内部的分享会。

季雨，90后，美术总监

设计工作室（民营乙方）

我们是一家20人左右的设计工作室，涉及的业务有品牌、传播及制作等，是典型的做设计的乙方公司。80%的同事都是设计师。老板也是学设计出身，公司创始之初非常看重设计，中途有段时间设计反而越来越被看轻，因为只靠设计往往并不能让项目顺利推进。后来随着工作室整体能力的提升与架构优化，设计师又重新拥有了话语权。我认为设计师的价值也体现在话语权上。

工作节奏：公司是朝九晚五打卡制，我个人因有点病态追求设计会"996"。但我仍然提倡大家选择对个人生活有保障的正常上下班方式。

考核&薪资：考核主要是看设计作品成果。薪资和绩效会与设计成果挂钩。没对比过平均工资，目前对薪资满意，不满意我就会向公司提。

培训&学习：刚入职公司时，培训是由老板亲自指导；现在每周有固定分享会，还会定期播放设计公开课。感觉完成工作项目需求是我做设计提升最快的方式。

若可，85后，设计师

国有金融公司（国企甲方）

我供职于一家在各省都有分支机构的金融行业国企工作，总共有4000多名员工，我是公司里唯一的专职设计师。日常工作是设定品牌宣传设计主视觉，包括海报、网站、展会、宣传专题和各种物料，通常在项目策划阶段就会介入，直接向决策者汇报工作，因为公司的主业是金融，设计仅是辅助，作为设计师几乎没有话语权，只在自己做的事情里才有一定的话语权。

工作节奏：上班时间是朝九晚五考勤制，但我理想中是能有点自由，也有足够的时间思考项目。

考核&薪资：根据年初立项的关键项目考核评分，薪资不与考核和业绩挂钩，不太满意，做多做少月薪都是固定的。

培训&学习：公司没有针对设计的培训，我自己另外花钱花时间学习，提升最快的方式还是在案例中实操。

启风，90后，设计组长
消费品电商公司（民营甲方）

我们公司是一家位于深圳的消费品电商，设计师占公司员工总人数的15%左右。我们的工作分为两种：日常工作是与运营对接，更新各大电商平台上的详情页面；年度电商大促前，我就会在第一时间参与到大促项目中，从前期规划到大促页面上线，全程负责项目中的视觉。

工作节奏：8:30到公司，18:30下班，考勤打卡没有弹性。每年几次电商大促前会集中加班一段时间，其余时间正常上下班。

考核&薪资：没有考核。薪资与深圳当地的平均小时薪资持平，我比较"佛系"，相对满意。

培训&学习：公司只有入职培训，设计技能提升要靠业余时间自己学习。工作几年后，大多数人的能力完全能胜任日常工作，在每年的大促项目中能有项目管理方面的提升。

李耀，90后，设计师
大型互联网电商平台（民营甲方）

我在某大型互联网电商平台工作，事业部设计职能分别有视觉、UI、交互、商业化IP和3D设计。设计师占总人数的5%左右。

我向设计总监汇报工作，但工作是与市场和运营对接，产出交付也是向业务部。日常工作分两种：有些项目从一开始就会介入，全程参与其中负责设计模块；有些日常工作是负责市场或运营的同事直接下需求，紧急处理完成，一部分工作我会对接给外包设计师。

现在远程办公已经十分方便了，但大家仍然聚在一起工作，我认为只有方便沟通，才能更深入地了解业务。很多设计要往用户体验方向思考和执行，不是简单地完成一个设计需求。

这几年我一直觉得公司里设计师的话语权比较弱，没有提升的迹象，要去做"可行性验证"才能说设计有价值。设计师想要提升话语权，重要的是增加产品、运营的思维。

工作节奏：弹性工作制。

考核&薪资：OKR与KPI结合的方式考核。收入的三成与绩效挂钩。尽管薪资超所在地8小时工作制的平均小时薪资，不过还是不太满意。

培训&学习：公司里有比较广泛的培训，比如领导力与商业礼仪、国际沟通，专业方向有"增长黑客"等。

丁宝，90后，交互组负责人
互联网游戏大厂（民营甲方）

我认为设计团队在公司的话语权和价值，是通过"设计外显价值"逐步提升的——体现在设计的专业度和效率上。

设计专业度不仅体现在高效承接且不出事故，更多是能不能向前一步探索业务，能不能站在运营或产品、研发的立场去思考问题，能不能提供当前桎梏下最优的解决方案……这些都会让工作的上下游感受到这支设计团队是可信赖的，话语权自然就会高。

我带交互团队时一般会向前一步，争取更早地参与决策。

日常需求有两种：如果是运营向发起的需求，在运营给产品提需求时，我们交互团队就会参与，以便更好地理解运营诉求；如果是产品向发起的需求，就会在产品同事提需求前进行私下预沟通，这样有助于提前了解业务背景，也有利于增进产品与交互团队之间的信任。

工作节奏：我已工作7年多了，至今平均一下，基本是"995"状态，8小时工作制可能只是一个美好理想，WLB（Work-Life Balance）这种事情，七年了我也没做到。

考核&薪资：考核有几个方面，作为设计Leader，有没有把团队带好，与工作上下游、平级部门的关系是否可相互信任，对未来业务是否有判断，对困难是否有预期，有没有清晰明确的人员职能架构规划等。向上管理方面，是否明确老板对自己的期待。另外是下属在工作方面，团队是否感受到进步，以及他们对自己的打分如何等。

薪资与绩效挂钩，超出所在地的平均小时薪资，相对满意。

培训&学习：对自己有效的提升方式是看书。

顺子，95后，UI设计师
独角兽互联网公司（民营甲方）

我在一家独角兽互联网公司里做UI设计，日常工作中接触到的大部分需求是产品向直接下发的。我觉得在这里，设计师的话语权是一旦设计师发现问题，就可以由设计侧发起提案，说服产品和运营去改进。这需要设计师能够更好地理解市场和业务，才能推进想法落地。

工作节奏：弹性工作制，没有考勤打卡。进入互联网公司后，的确比以前加班多，不过也没有严重到"996"的程度。

考核&薪资：考核是OKR，工作节奏时忙时闲，对薪资整体满意。

培训&学习：公司培训包括邀请设计行业垂直领域的优秀设计师来分享；年度知名行业大会也可申请参加，或者去现场的设计师回来做分享；团队内也有不定期的交流和分享。有效的学习方式是在站酷网上发作品和文章，用输出倒逼输入。我对内卷的定义是徒劳做许多无意义的事，我觉得如果学习和工作的目的就是单纯地想把事情做好，就不存在内卷不内卷一说。从这个角度看，互联网公司也并没有那么内卷。

结语

通过与10位不同类型公司设计师的谈话，可以看到无论是甲方公司还是乙方公司，在设计序列的投入上，经验丰富的设计师作为专业技术人才，整体薪资大多高于当地平均小时薪资。由创新与技术驱动的公司，设计专业培训的意识与成本投入也更高。

对乙方类型的公司来说，若竞争壁垒由设计向的创新能力构建，那么创意与设计类人才是公司业务主体的核心竞争力。

对于甲方类型的公司来说，设计师的价值体现在持续参与产品与运营的优化。互联网游戏大厂做交互负责人的丁宝认为，现代企业中的设计师不仅仅是资源，更大的价值是解决业务问题——持续改进体验，通过专家视角参与决策，影响策划与运营。他认为设计的专业度体现在以下几个方面：

（1）设计师的基本专业：拆解能力、方案能力、表述能力。

（2）业务对接。

（3）设计师的专家视角：理解业务、划清底线、敢于上升。

（4）为产品的整体体验负责，从体验层面通过设计专业技能影响业务决策；花更多的时间做更重要的事，比如，解决团队内外人员支持与养成评价标准。

在设计的效率方面，需要对外拉齐、机制补齐与降低成本，只有通过设计专业与效率的不断提升，才能培养出可信赖的设计团队。

站酷网编辑：张曦

OUTSOURCING TOPICS

02 委托设计篇

行业面面观

中国外包设计服务趋势观察：
"心价比"消费，促进创意
设计服务爆发增长

摘要： 本文从设计外包在我国的行业定义与范畴、发展历程、增长动力与商业模式 4 个方面，阐述当今外包型设计服务产业的现状与未来。文章主体内容表明，自 2018 年以来，中国外包设计呈现出高速增长的态势，并且随着消费结构的转型升级，有进一步加强的趋势。

关键词： 服务外包，设计，消费升级，设计产业，创意产业

本调查由设计师平台站酷网发起，目的在于通过国家统计局等权威数据、海量用户的调查结果、国内外的产业观察数据，透视出外包型设计服务的行业现状及发展趋势，为用户和会员提供行业级的观察引导。

"创意设计服务"在我国的定义与分类

2004年，为贯彻落实党的十六大关于文化建设与文化体制改革要求，建立科学可行的文化产业统计，规范文化及相关产业的范围，国家统计局在与中宣部及国务院有关部门共同研究的基础上，依据《国民经济行业分类》（GB/T4754—2002），制定了《文化及相关产业分类》，并作为国家统计标准颁布实施。

2009年，《联合国教科文组织文化统计框架2009》发布，文化新业态不断涌现。2011年，我国新的《国民经济行业分类》（GB/T4754—2011）颁布实施，为了适应产业新变化，2012年国家统计局与中宣部重新完成了对《文化及相关产业分类》的修订。

2018年，该分类再次被重新修订。2018年的《文化及相关产业分类》行业分类中，网络技术与数字媒介经过几年发展，"互联网信息服务"与"数字内容服务"成为独立行业。自2018年起，国家统计局"创意设计服务"行业分类定义更接近于设计服务外包的概念，是截至目前仍在使用的国家统计局行业分类标准。

2018年的这次修改，重新定义的"创意设计服务"行业统计范畴包含两大模块、五个小类。

1. 广告服务

（1）互联网广告服务——提供互联网广告设计、制作、发布及其他互联网广告服务，包括网络电视、网络手机等各种互联网终端的广告服务。

（2）其他广告服务——除互联网广告以外的广告服务。

2. 设计服务

（1）建筑设计服务——仅包括房屋建筑工程，体育、休闲娱乐工程，室内装饰和风景园林工程专项设计服务，该小类包含在工程设计服务行业小类中。

（2）工业设计服务——独立于生产企业的工业产品和生产工艺设计，不包括工业产品生产环境设计、产品传播设计、产品设计管理等活动。

（3）专业设计服务——包括时装、包装装潢、多媒体、动漫及衍生产品、饰物装饰、美术图案、展台、模型和其他专业设计服务。

同时，通过对比联合国教科文组织2009年对"创意设计服务"的定义及分类，2009年的联合国教科文组织的文化统计框架如图2-1中所示，自1986年以来，全世界越来越多的人不但把文化当作推动和维持经济增长的方式，还把文化本身看作是人类发展的成果，它赋予人们生存的意义。在这个定义中，"文化领域"代表一系列具有文化性的生产制造、活动和实践。它们可以被归为6个类别：文化和自然领域、表演和庆祝活动、视觉艺术和手工艺、书籍和报刊、影像和交互媒体、设计和创意服务。

文化领域						相关领域	
A.文化和自然领域	B.表演和庆祝活动	C.视觉艺术和手工艺	D.书籍和报刊	E.影像和交互媒体	F.设计和创意服务	G.旅游业	H.体育和娱乐
·博物馆（包括虚拟博物馆）·考古和历史遗迹·文化景观·自然遗产	·表演艺术·音乐·节目、展览会、庙会	·美术·摄影·手工艺	·书籍·报纸和杂志其他印刷品·图书馆（包括虚拟图书馆）·图书博览会	·电影和视频·电视和广播（包括互联网直播）·互联网在线播放·电子游戏（包括网络游戏）	·时装设计·平面造型设计·室内设计·园林设计·建筑服务·广告服务	·包机或包车旅行和旅游服务·食宿招待和住宿	·体育·身体锻炼和健身·游乐园和主题公园·博彩

非物质文化遗产（口头传统和表现形式、仪式、语言、社会实践）			非物质文化遗产		
教育和培训	存储和保护	装备和辅助材料	教育和培训	存储和保护	装备和辅助材料

图2-1 2009年联合国教科文组织文化统计框架

资料来源：《2009年联合国教科文组织文化统计框架》，UNESCO-UIS，2011。

其中，设计师从事更多的是"视觉艺术和手工艺"和"设计和创意服务"。"视觉艺术和手工艺"包含美术、摄影、手工艺；"设计和创意服务"包含时装设计、平面造型设计、室内设计、园林设计、建筑服务和广告服务。

近三年"创意设计服务"行业营收增长态势

随着我国居民收入水平的提升，以及文化和相关产业的不断推进改革，"创意设计服务"行业的规模及以上年营收绝对额增长，属于我国高速增长阶段的行业。

国家统计局数据显示，全国居民人均可支配收入与人均消费支出，从2013年至2020年处于一路上升趋势，如图2-2所示。8年间人均可支配收入增长75.8%，人均消费支出到2019年增长63%，到2020年因新冠肺炎疫情原因略有下降。

图2-2 2013年—2020年中国人均可支配收入与人均消费支出

数据来源：国家统计局

人们的物质生活日益丰富的同时，文化领域的消费需求也在不断增长。2018年，全国文化及相关产业增加值为41171亿元，占GDP的4.48%。国家统计局数据进一步显示，文化及相关产业下的"创意设计服务"营业收入绝对额为11069亿元，比2017年增长了16.5%，如表2-1所示。

表2-1 2018年全国规模以上文化及相关产业企业营业收入情况

	绝对额(亿元)	比上年增长(%)
总计	89257	8.2
文化制造业	38074	4.0
文化批发和零售业	16728	4.5
文化服务业	34454	15.4
新闻信息服务	8099	24.0
内容创作生产	18239	8.1
创意设计服务	11069	16.5
文化传播渠道	10193	12.0
文化投资运营	412	-0.2
文化娱乐休闲服务	1489	-1.9
文化辅助生产和中介服务	15094	6.6
文化装备生产	8378	0.2
文化消费终端生产	16284	1.9
东部地区	68688	7.7
中部地区	12008	9.7
西部地区	7618	12.2
东北地区	943	-1.3

注:
1.表中速度均为未扣除价格因素的名义增速。
2.表中部分数据因四舍五入,存在总计与分项合计不等的情况。

2019年,"创意设计服务"占文化产业总营收的14.17%,相比2018年,年增长率达到11.3%,处于高速增长阶段,如表2-2所示。

表2-2 2019年全国规模以上文化及相关产业企业营业收入情况

	绝对额(亿元)	比上年增长(%)	所占比重(%)
总计	86624	7.0	100.0
按行业类别分			
新闻信息服务	6800	23.0	7.9
内容创作生产	18585	6.1	21.5
创意设计服务	12276	11.3	14.2
文化传播渠道	11005	7.9	12.7
文化投资运营	221	13.8	0.3
文化娱乐休闲服务	1583	6.5	1.8
文化辅助生产和中介服务	13899	0.9	16.0
文化装备生产	5722	2.2	6.6
文化消费终端生产	16532	5.5	19.1
按产业类型分			
文化制造业	36739	3.2	42.4
文化批发和零售业	14726	4.4	17.0
文化服务业	35159	12.4	40.6
按领域分			
文化核心领域	50471	9.8	58.3
文化相关领域	36153	3.2	41.7
按区域分			
东部地区	63702	6.1	73.5
中部地区	13620	8.4	15.7
西部地区	8393	11.8	9.7
东北地区	909	1.5	1.0

注:
1.表中速度均为未扣除价格因素的名义增速。
2.表中部分数据因四舍五入,存在总计与分项合计不等的情况。

2020年，"创意设计服务"企业营业收入全年达到15645亿人民币，占文化产业总营收的15.9%，比2019年占比上升了1.7个百分点，如表2-3所示。

表2-3 2020年全国规模以上文化及相关产业企业营业收入情况

	绝对额(亿元)	比上年增长 (%)		所占比重 (%)
		全年	前三季度	
总计	98514	2.2	-0.6	100.0
按行业类别分				
新闻信息服务	9382	18.0	17.0	9.5
内容创作生产	23275	4.7	4.1	23.6
创意设计服务	15645	11.1	9.0	15.9
文化传播渠道	10428	-11.8	-16.5	10.6
文化投资运营	451	2.8	0.2	0.5
文化娱乐休闲服务	1115	-30.2	-39.9	1.1
文化辅助生产和中介服务	13519	-6.9	-9.5	13.7
文化装备生产	5893	1.1	-3.4	6.0
文化消费终端生产	18808	5.1	0.8	19.1
按产业类型分				
文化制造业	37378	-0.9	-3.8	37.9
文化批发和零售业	15173	-4.5	-10.0	15.4
文化服务业	45964	7.5	6.0	46.7
按领域分				
文化核心领域	60295	3.8	1.5	61.2
文化相关领域	38220	-0.1	-3.8	38.8
按区域分				
东部地区	73943	2.3	-0.4	75.1
中部地区	14656	1.4	-1.5	14.9
西部地区	9044	4.1	0.9	9.2
东北地区	872	-8.6	-15.9	0.9

注：
1.表中速度均为未扣除价格因素的名义增速。
2.表中部分数据因四舍五入，存在总计与分项合计不等的情况。

数据来源：国家统计局

图2-3所示为2018年至2020年中国"创意设计服务"行业年营业收入情况。

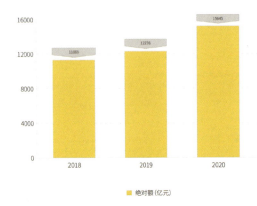

绝对额(亿元)

图2-3 2018年-2020年中国"创意设计服务"行业年营业收入

数据来源：国家统计局

规模及以上企业是指年主营业务收入在2000万元以上的企业，不同年度的统计数据发生变化的主要原因有：规模以上企业数量变动，比如因变小而退出统计数据、新建投产、破产注（吊）销等。另外是加强统计执法，对统计执法检查中发现的规模以上企业填报的不实数据进行了清理等。

设计师的供职情况

2020年12月站酷网对设计师的调查（样本数N>3000）显示，有六成设计师供职在乙方公司，四成供职在甲方公司的设计部门，如图2-4所示。

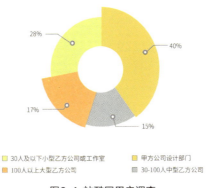

图2-4 站酷网用户调查

数据来源：站酷网

中国外包设计服务业态分布

在我国，1978年以前的计划经济时代，设计师主要供职于国家机关、国企事业单位和各级办事处等机构。

20世纪80年代中期，改革开放后市场经济开始显示出活力，有一部分设计师开始独立工作，80年代末90年代初至21世纪的前十年，受国外广告行业影响，设计师或创意工作者们主要供职于广告公司或各专业设计事务所中。

2008年以后，互联网数字媒介与知识经济进入快速发展轨道，设计领域在此时开始走向多元化，同时通过社交媒体与平台，独立设计师与独立艺术家有了更多曝光机会和更广阔的发展空间。

未来，随着远程办公及设计工具的智能化，将赋能更多个体进行创意输出，如图2-5所示。

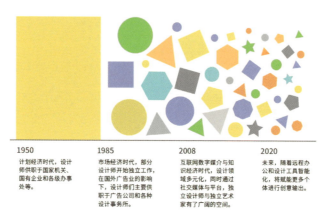

1950	1985	2008	2020
计划经济时代，设计师供职于国家机关、国有企业和各级办事处等。	市场经济时代，部分设计师开始独立工作，在国外广告业的影响下，设计师们主要供职于广告公司和各种设计事务所。	互联网数字媒介与知识经济时代，设计领域多元化，同时通过社交媒体与平台，独立设计师与独立艺术家有了广阔的空间。	未来，随着远程办公和设计工具智能化，将赋能更多个体进行创意输出。

图2-5 1950年-2020年中国外包设计服务业态分布

"心价比"消费时代来临，创意设计服务爆发增长

从2016年到2020年，短短5年时间，实物商品线上零售额占中国社会消费品总额的比重，就从12.6%上升到24.9%。商品流通效率的大幅提升、全渠道营销和精细化运营，以及商业数据化加智能推荐算法，让电商经济不断高效升级。国潮美妆品牌"完美日记"和"花西子"分别仅用了2年和3年时间，销售额就分别突破20亿、30亿元。

同时，中国消费市场正在经历从"性价比"到"颜价比"再到"心价比"的跃迁，除经济大环境拉动，主要来自消费者的需求。以中国80后、90后为代表的消费主力军，正在不断调整自身的消费结构——从炫耀和符号消费，到追寻自我的消费，从功能导向到关注文化和体验。

当用户"买买买"时，大家都在为什么而下单？消费者为什么愿意为新品付出更高的价格？知萌咨询机构于2020年12月针对北京、上海、广州、成都、西安、

杭州、武汉、沈阳、青岛和南京10个城市15~60岁的消费者（样本量N=2000）进行了在线调查，结果如图2-6所示。

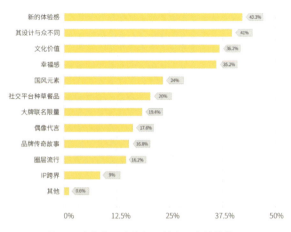

图2-6 消费者愿意为新品付出更高价格的原因

数据来源：知萌咨询

新鲜的体验感、与众不同的设计、文化价值等，正是具有创新意识的设计师们所擅长的领域。消费增长的同时，用户需求也呈现出多元化趋势。九成以上用户每日浏览具有内容智能推荐的泛资讯产品超过1小时。智能算法推荐的内容养成了用户的个性化喜好，50%的用户表示乐于接受算法推荐，商品与服务消费的圈层效应明显且多元，如图2-7所示。

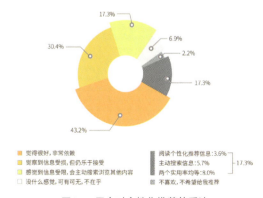

图2-7 用户对个性化推荐的看法

数据来源：36氪研究院

远程办公让创意用工更灵活

在新冠肺炎疫情的影响下，为保障社会有效运转，减少企业的损失，企业开启了远程办公模式。由于我国人力成本的提高，从2017年开始，远程办公呈现出迅速增长的趋势。而远程办公的日益成熟，解放了设计师这种创意输出的工作类型，使他们能够更灵活地工作。

根据Global Workplace Analytics数据显示，2012年至2020年，我国远程办公的年均复合增长率已经达到95.52%，如图2-8所示。亿欧智库在2020年预测，2020年全年远程办公规模将超448.5亿元，约为2017年市场规模的7.5倍，主要得益于我国IDC、云服务器等基础设施的完善，SaaS领域的集中度不断提高，也与我国人力成本日益高昂和企业需降本增效的社会现状密不可分。

图2-8 2012年-2020年中国远程办公市场规模及增速

数据来源：Global Workplace Analytics

数字媒体时代，艺考生的创造力愈发被认可

行业发展离不开人才的供给。麦可思《2019中国大学生就业报告》表明，"数字媒体艺术"专业以94.8%的就业率登上"就业率最高专业排名50强"的第11位，从2016年起，该专业已连续三年被评为失业量较小，就业率、薪资和就业

满意度综合评价较高的专业之一，如图2-9所示。中国教育在线也将艺术设计列入最好就业的专业Top10。

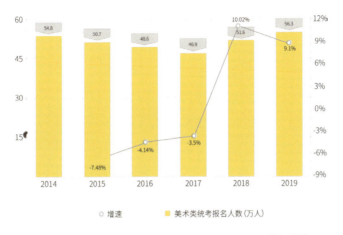

○ 增速　■ 美术类统考报名人数(万人)

图2-9 2014年-2019年中国美术类统考报名人数及增长趋势

数据来源：华经情报网

创意已成为改变世界的重要力量

全球许多国家和城市都高度重视文化创意产业，制定和实施相关发展战略。据联合国统计，创意产业占全球GDP的7%，我国的文化创意产业截至2018年占全国GDP的4.48%。

20世纪90年代，英国传统制造业逐渐衰落，于是最早提出了"创意产业"这一概念，现已成为英国的支柱产业，创意企业占全英注册企业总数的6%。

文化创意不仅是走出危机的先导行业，实现经济加快发展的新战略，而且已经成为改变世界的重要力量。2008年全球金融危机爆发后，美国纽约吸取教训，从曾经的以金融、保险和房地产为支柱产业，转向了以智力、文化和教育为代表的ICE产业。

但全球创意产业市场发展极不均衡，目前主要集中在北美、欧洲地区，以及以中国、日本和韩国为核心的亚洲地区，如图2-10所示。

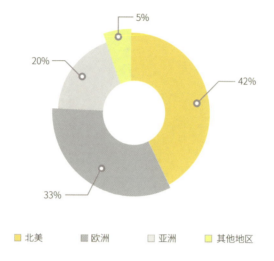

图2-10 2020年全球创意产业行业市场区域分布

数据来源：观研天下《中国创意行业分析报告》

设计外包应用价值与商业模式

从20世纪90年代开始，外包设计服务在英国便呈现上升趋势，有专家认为导致这一趋势的原因有以下几个：

（1）产品复杂度增加，并且要求更短的研发周期，需要拥有不同资源和背景的人员跨领域合作。

（2）设计专业人士已经开始被服务型组织聘用，由过去在企业内部做传统的设计实践方式，转向了去购买外部设计专家的服务。

（3）随着互联网行业的发展，机构可以利用设计供应商来完成附加价值的工作。

设计外包是通过设计管理建立企业竞争优势的一项有价值的议题。

一项针对英国制造企业的调研结果显示，英国企业聘用顾问设计师的主要原因有以下几个方面：

（1）内部缺少设计技术人员。

（2）获取更广泛的设计视角或者避免内部设计变得沉闷。

（3）提高设计速度。

（4）寻求专家。

（5）节约成本。

当前，设计外包服务主要有以下4种方式：

（1）垂直领域工作室或个人：有自身专业特长，在1~2个特定领域中深耕。

（2）综合外包服务集团：在不同的专业领域提出不同的解决方案，其下属子公司或专家团队为不同的甲方客户提供分领域的外包服务，其中包含外包设计服务。

（3）众包设计服务平台：通过相应的版权管理机制，短期内能征集到大量不同风格的作品。

（4）增值型设计服务：乙方在向甲方客户提供的某个专业服务中，设计服务仅作为其中一个有助于甲方业务提升的模块。

甲方在选择外包设计服务时，需要考虑的元素包括其设计能力能否满足设计项目的需求，是否匹配工作间的技术，是否对目标市场和消费者具有较强的洞察能力，是否了解项目的相关技术，以及信任度和控制度等。

结语

中国外包设计行业被纳入国家统计的时间较晚，但是近年来表现出强劲的发展势头。外包型服务可以用更低的成本、更少的时间获得更加专业的定向服务。随着移动办公的逐步推广，以及消费市场对设计创意的需求的提升，外包型设计服务或将迎来更大的发展。目前，我国外包设计市场的成熟度相比国外仍有较大的提升空间，短期内发现面向国际市场的设计外包，长期加强设计外包行业的平台服务，建立行业标准会，是外包设计发展的路径。

站酷网编辑：纪晓亮　张曦　刘月瑶

中国外包设计服务趋势观察："心价比"消费，促进创意设计服务爆发增长

OUTSOURCING TOPICS

02 委托设计篇

项目零距离

设计是基于研究和策略之上，复杂而优雅的解决方式——NUDGE 设计助推 LemonBox 品牌升级项目解析

导语： 以品质为核心，承载整体品牌及产品的视觉、体验、服务全流程，更有利于品牌形象、价值感传递和打造完整的产品服务体验。

LemonBox是创立于美国硅谷的一个定制维生素DTC品牌。从2018年至今，已经服务用户超过100万人。作为硅谷著名孵化器Y Combinator在中国投资的首个项目，在完成Pre-A轮融资里程碑之际，品牌委托NUDGE设计助推进行品牌形象升级项目，包含品牌策略、标识设计、包装设计、用户体验升级等，以满足更加成熟的用户群体对品牌的审美与体验需求，迎接品牌的下一个高速成长阶段。其全新形象已于2020年末陆续上架自有小程序和天猫平台，并且获得了不错的口碑和销量。近期，LemonBox以全新品牌形象和包装入围了FBIF的Marking Awards 2021全球食品包装设计大奖，并且提名最具商业价值大奖，如图2-11所示。

图2-11　由NUDGE设计的LemonBox全新定制维生素包装

创新设计咨询服务模式的特点和优势

首先，从工作模式上，NUDGE的工作始于策略咨询直至设计落地，通常的项目流程是"研究—策略—设计"，可以连带开发数字产品。正因为设计是用来解决问题的方法，而不仅仅是一个关于美和创意的过程，它是基于设计研究、设计策略之上，推导出来的复杂而优雅的（sophisticated but elegant）解决方式，所以更趋于理性。这也在一定程度上避免了在沟通和交付中，由于主观因素过多而造成的艰难局面。

设计咨询公司给委托人交付的解决方案通常是综合的，以数字产品设计、品牌设计、服务设计、策展设计等跨学科语言为载体。NUDGE通过以学术和知识为基调的方法和氛围，把每个项目都看成是一个独一无二的复杂课题，科学地、精确巧妙地为每一个独特的问题找到"设计最优解"，去面对来自不同行业领域的挑战。此外，也会积极与委托人一同进行共创，利用设计工作坊，让相关决策人、stakeholder一起参与到co-design过程中，而这里的"设计"是指更广义的设计定义。

在项目开始前的商务沟通阶段，我们就会与委托人进行高频沟通，尽可能地充分对齐方法和思路、提出假设、打破顾虑。

通过与委托人进行沟通，我们认为这次品牌升级是对市场变化和品牌策略调整的回应，应该精准把握调整后目标群体的特征、心理和需求，用系统化的品牌视觉承载LemonBox的品牌价值，让目标群体清晰地感知品牌人格，构建信任与忠诚度。在对原有品牌形象进行有效调整后，需对品牌、产品、服务等各个维度与触点进行策略性规划与设计，如图2-12所示。

策略维度 深入理解与解读	策略维度 女性思维	新颖美学 真诚传递品牌内涵	通力协作 赋能品牌内部成长
给予对品牌现状的全方位梳理，深入理解品牌策略维度调整的原因、方向及目标，从设计角度对品牌策略进行全新解读	通过女性思维设计洞见及方法，进行情感化设计，将人文性、长期性、生态性融合贯穿于品牌和产品体验细节中，助推品牌与目标群体的沟通和共鸣	系统全面地考量品牌视觉形象及其实际应用，实现品牌形象升级的诉求，将抽象的品牌策略通过年轻、新鲜、真诚、恰当的视觉语言翻译出来，达成品牌与外界的具象情感联系	快速与LemonBox团队进入CoCreate协作模式，用设计思维方法和设计规范为内部赋能

图2-12 商务沟通阶段的设计助推

根据初步分析，LemonBox的旧版标识存在的问题不利于品牌对高品质形象的塑造，已经难以承载品牌下一阶段的品牌策略重心和市场拓展目标。当品牌的现有形象无法有效传递品牌价值，并与品牌策略产生冲突时，我们需要对品牌形象进行重新评估与调整，但这并不意味着必须进行整容级别的"大换脸"。若微调的效果足以满足品牌诉求，大可不必冒巨大风险。图2-13所示为LemonBox品牌标识升级的前后对比。

Before

After

图2-13 LemonBox品牌标识
升级的前后对比

NUDGE的LemonBox品牌升级服务计划

由品牌设计咨询开始，逐步深入产品、体验及品牌应用，系统性地进行品牌策略和视觉体系的实现。以品牌为核心，承载整体品牌及产品的视觉、体验、服务全流程，更有利于品牌形象、价值感传递和完整的产品服务体验。

下面进入"研究—策略—设计"中的第一步——研究。

对于LemonBox来说，我们的研究目标是：了解 LemonBox 用户的需求点，从而通过改善产品体验和升级品牌，实现业务增长。换句话说，委托人所期待的品牌大升级，其深层动机到底是什么？有多大必要性？升级的依据是什么？目的是什么？种种疑问都必须通过自己的研究过程得出结论。

首先，NUDGE会浸入式地对项目所处的商业环境、消费者、现有技术和市场建立全局理解，与委托人团队的不同职能部门Leader及决策人进行一对一深入访谈。对现有用户、品牌资产进行梳理分析，对项目已知的研究及运营数据进行分析，确定设计方向及方法。在设计研究中，通过以设计为导向的用户研究、产品研究、社交媒体聆听、启发性评估、服务蓝图等复合方式，梳理洞察现象、问题，挖掘痛点及触点上的问题根源，分析提炼出洞察和机会点，并转换成为设计机会点，如图2-14所示。

关键决策人访谈 & 数据分析

访谈LemonBox X名关键决策人，了解LemonBox在战略、产品、服务、用户反馈等层面的信息，并结合数据，分析现有产品的问题。

用户访谈 & 问卷分析

电话、面对面访谈X名用户，X位KOL，深入了解用户想法；问卷收集XXX位普通大众对营养补充剂的看法。

共情图 & 体验旅程图

将所收集的用户信息具象化，创建共情图，以便于建立共识辅助决策，并将用户全流程体验可视化，了解用户行为。

启发性评估 & 参考产品研究

梳理现有产品存在的问题，并对比分析可参考产品，为后续设计找到灵感。

社交媒体聆听

潜心阅读LemonBox用户在各社交媒体的问题及评论（B站、微博、小红书、知乎等），发现已有用户的普遍问题及对新用户的影响。

服务蓝图

将用户体验旅程和Lemon-Box服务的关系进行可视化呈现，建立LemonBox全通路、多触点关于"如何实现服务升级"的共识。

图2-14 LemonBox品牌升级服务第一步：研究

其次，由于LemonBox团队自身拥有先进的IT能力，以至于可以根据我们提出的数据需求采集到丰富的信息供我们分析。通过对LemonBox的小程序进行数据分析，我们了解了现有产品中用户在不同阶段的流失情况，并提出了疑问，并基于4个对用户流失的疑问进行了问题洞察和机会点挖掘。这一步对后期进行品牌升级策略和数字体验升级策略，打下了扎实且科学的基础，如图2-15所示。

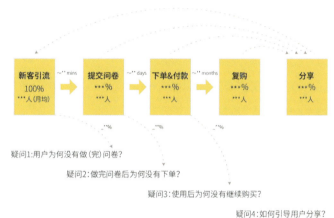

图2-15 数据分析阶段的设计助推

然后进入"研究—策略—设计"中的第二步——策略。

我们在品牌策略阶段和委托人一起定义了品牌人格、15项精细的人格特质、品牌定义、信念、价值观、沟通方式等。在将策略落实梳理出全新的Brandbook后，无论是NUDGE内部还是LemonBox位于旧金山、北京、上海、苏州、深圳的5个办公室的成员，都会人手一册这本Brandbook，并将各自在日常工作中的判断及输出与Brandbook一一对齐，保证从客服到设计师，从市场投放到软件开发，多地多部门拥有关于品牌的一致的工作准则和评价体系。

最后进入"研究—策略—设计"中的第三步——设计。

1. 标识设计

基于Brandbook的共识，新标识在不改变原有意象的前提下，进行了价值感提升的调整：字标部分将原有字间距拉开，更显舒展轻松；字形横向加宽，使其显得圆润，更加亲切友好；弱化精英主义，使字标部分平衡、匀称，具有健康感。图标部分将柠檬原有的胶囊感分割直线优化成弧线，在提升立体张力的同时，更加自然和优雅。柠檬的白色部分代表科技，黄色部分代表营养健康，标识中蕴含了"科技赋能营养科学"的品牌使命。

2. 包装设计

在包装设计升级上，一方面需要展现原产地的美式视觉风格，一方面要根据每款产品的成分和功效进行兼具艺术性和自然感的插图，此外还需要考虑电商销售场景中对色彩鲜明度的要求。根据产品线规划及包装需要在印刷后长途运输进行组装的特性，采用了"1个通用零印刷环保内盒+N款折叠函套"的包装形式。并选择日本生产的可降解的分装小袋子作为每日定制维生素的内包装，旨在从设计与体验的细节中传递品牌的价值观与社会责任，与目标群体进行更紧密的沟通，如图2-16~图2-18所示。

图2-16 30日装通用零印刷环保内盒

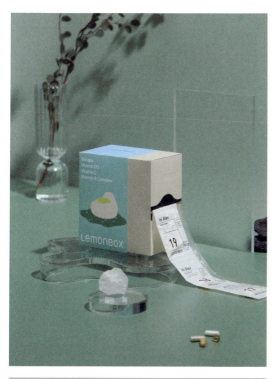

图2-16 30日装通用零印刷环保内盒（续）

设计是基于研究和策略之上，复杂而优雅的解决方式——NUDGE 设计助推 LemonBox 品牌升级项目解析

图2-16 30日装通用零印刷环保内盒（续）

图2-17 6款针对不同需求的维生素标品套餐

图2-18 为全新的健康软糖系列设计的包装

　　作为LemonBox定制维生素"每日一袋"的独特概念，我们发现品牌与用户持续30天的每日规律性"见面"，是非常难能可贵的服务体验触点。所以"每日一袋"上的空间值得充分利用，帮助品牌传递信息、制造好感、增加情感关联，以及促进传播销售等。在此次升级中为LemonBox的"小袋子"重新进行了内容策划及版式设计，并设计了定制化信息板块，可以根据用户数据，通过营养目标、生活习惯、处方和服用进度等维度印刷出定制化信息，如图2-19和图2-20所示。

图2-19 "每日一袋"的设计稿（左起：每日补剂包、首袋、尾袋）

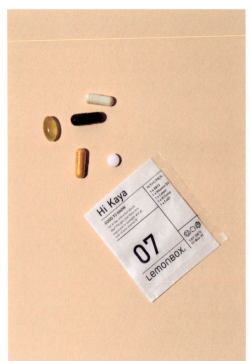

图2-20 为LemonBox设计的新包装打样调试

设计服务的验收与评估

做服务最重要的是来自委托方的评价，项目结束后，我们有幸得到LemonBox创始人兼CEO翁斌斌的一段评语：

LemonBox在2020年品牌升级的过程中与NUDGE相识，我们一起交流、创造，迸发出了很多奇思妙想，是一次令人愉快的互相学习与激励。在合作中，这支90后女性设计团队帮助LemonBox完成了对品牌理念、品牌Logo、产品包装及使用体验的各项设计焕新，在保留了品牌原有的活力与健康的同时，把至诚、极致、为简的品牌理念更好地融入到每一个产品细节里。她们在对细节的严苛要求中，也时刻展示着90后女性设计团队强劲的"她力量"。很高兴能和NUDGE一同见证LemonBox的成长。

至此，LemonBox品牌升级项目就介绍完毕了，我们又围绕设计咨询追问了下列几个问题。

关于NUDGE

站酷网：请向我们介绍一下 NUDGE 设计助推。

NUDGE，读音[nʌdʒ]，意为"助推"，是行为科学中一种引导行为的方式，Nudge by design是我们希望用跨学科设计的力量去助推商业创新和社会创新的发生。NUDGE是一个在2018年末由宋斯纯发起，和肖晨曦、王珅阳子3位90后女性联创的设计咨询boutique，成员来自设计研究、交互设计、策略设计、视觉传达、心理学、工业设计等不同学科背景。

我们曾总结分享过在商业设计中"人文性、长期性、生态性"的女性思维特质，并对"线性"的男性思维特质和"场性"的女性思维特质进行对比。通常来说，看重长期性、情感化、关系经营，以及生态、社群建设的品牌和产品/服务，会与NUDGE更加互相认可。另外，以女性用户作为主要目标受众的委托人，也会倾向于考虑一个更懂女性的设计咨询团队。

站酷网：海外学习经历使你们建立了哪些特别的视角和研究方法，帮助你们高效地解决项目问题？

在NUDGE团队中，有来自美国、德国、韩国、澳大利亚等海外设计教育经历的伙伴。不同文化背景下的设计教育、设计实践和生活，让我们的思维体系更加健全和多样化，而设计对于大家来说也成为观察、思考、对话和影响这个世界的理想途径。文化造成的差异性也会让我们对于人本身更感兴趣，习惯观察，发现特点与不同，具备包容力和共情力，并且习惯设身处地换位思考。

站酷网：从"策略咨询"到交付"综合解决方案"，再到"设计落地"的过程中，需要在哪些关键节点与委托人沟通，推进合作效率达成？

与客户的沟通是贯穿项目始终的，不存在仅在关键节点沟通的情况。我们相信大量的沟通是双方建立关系与信任的重要基础，尤其是在品牌设计咨询项目中，沟通需要更深入、更高频，与委托人团队的关系要更紧密。设计师的怨声载道，以及委托人的焦虑、天马行空和反复不定，往往来自彼此之间没有给足安全感和信任感。

站酷网：你们有哪些独到的与委托人沟通的技巧？

前提是尽量与最终决策人直接沟通对接，尤其是品牌类项目。首先，在最初和潜在委托人的沟通中就要做一些判断，一定要选择相信你并且你愿意相信的委托人，并且相信你们将要一起做的事情，这样才可以成为与委托人有着共同目标的"战友"。让自己和团队都成为专业、真诚、值得依靠的人，成为让委托人愿意与你平等、坦诚相待的人。在工作中站在委托人的角度思考问题，挖掘其需求和意见背后的真实动机和目的。多问问题，还要结合一些心理学知识，去探究"为什么"。

站酷网编辑：刘月瑶

OUTSOURCING TOPICS

02 ## 委托设计篇

项目零距离

用设计探寻人与产品间的妙不可言
——潘虎包装设计"良品铺子"
项目解析

导语： 只有专业化才能真正地参与价值链并创造价值，只有从商业价值维度出发去看市场的影响力和
反馈，才是设计师应该关注的问题。

改革开放后，中国商品经济发展，国力增强，中产阶层扩张，人们对生活的要求越来越高。大的时代背景催生商业客户成长为真正有创新能力的产品人，在他们尽可能地去满足用户相应需求的过程中，也给设计师发挥设计能力打下了基础并留足了空间。因为所有行业的发展一定是基于"需求"的，有需求才会有供应，才会有各种各样升级的可能性。

设计师们赶上了产品人蓬勃发展的时代，时代赋予了他们参与其中的可能，而设计师的社会价值也在快速地扩大提升。这其中，包装设计在商品市场中连接着买方与卖方的互动，引导消费者购买，实现产品价值的提升和更好的收益。

拥有25年设计行业实践经验的潘虎，建立了视觉化行销理论基础，2012年成立潘虎包装设计实验室，以包装设计实验研究为前提，在高端包装设计领域探索和推动设计商业化。本着"贵精不贵多"的理念，将商业项目看作研究课题。2019年，"零食王国"良品铺子联合潘虎包装设计实验室启动"高端零食"战略，探索如何让零食的包装更加高端。

本文将以这次探索为例，从潘虎老师的视角，用第一人称的口吻展现一个有着强烈"作者感"的独特设计项目是如何被推动和落地的。

良品铺子创立于2006年，总部设在湖北武汉，专注于从全球30个国家、地区优选好原料，为消费者提供高端零食。目前，集团已形成覆盖肉类零食、坚果炒货、糖果糕点、果干果脯、素食山珍等多个品类、1400余种的产品组合，有效满足了不同消费者群体在不同场景下的多元化休闲食品需求，连续6年高端零食市场终端销售额全国领先。良品铺子也是国内休闲零食行业唯一拥有线上线下结构均衡且高度融合的全渠道销售网络。目前，线下开设了2700家门店，线上细分运营99个子渠道入口。

从"良品铺子·十二经典年货礼盒"开始，潘虎包装设计实验室和良品铺子开启了长达3年的深度合作，如何针对良品铺子超过1000款的不同产品进行整体梳理并形成"良品铺子·高端零食"的产品包装形象，同时打开良品铺子对于产品开发的无限想象力，是双方合作时需要攻克的重点课题。

设计费从来都不贵

未来设计师应该着力于产生价值，甚至更长期的价值。我们专注于定制型设计服务，为客户提供更精准的定制服务属于一种需要付出极大代价的脑力劳动。良品铺子董事长谈及设计费用问题时认为：只要我们在市场上能创造更大的价值，设计费再多都不贵。

十二经典礼盒作为良品铺子启动"高端零食"战略后推出的首款全新升级版产品（见图2-21），在视觉与使用体验方面为用户带来心理和情感满足的同时，其价值创造还表现为以下几个方面：

（1）形成了良品铺子节庆礼盒在结构上的视觉符号。

（2）强化了良品铺子在高端零食这一细分领域的认知。

（3）推进了消费者消费需求的升级。

图2-21 良品铺子·十二经典年货礼盒

图2-21 良品铺子·十二经典年货礼盒（续）

将商业项目看作研究课题

项目初期，我们不会为了急于接单马上促成项目合作，而是将商业项目看作研究课题，谨慎对待。尽管项目初期面临着混沌与纠结，我们最后还是接受了这个挑战。

1. 了解项目的难点

SKU数加大了整体品牌调性的把控难度。作为全品类项目的设计需求，所需设计的内容数量类似于SKU数：单品数量多，涉及范围非常广，使得工作量变得过于庞大。加之要从全品类范围出发来掌控设计调性，也使得整体品牌调性的掌控难上加难。

2. 了解企业的过往历史，评估项目复杂程度

在此次合作前，良品铺子已与国内很多一线设计公司有过多次合作，但都是一些不完整的业务外包，整体视觉设计也是被拆散完成的，比如品牌形象来自郎涛，策划来自奥美，导致整体设计调性相对来说缺乏连贯性。

3. 良好合作关系的建立

拒绝模式化的合作方式，不急于一开始就签订包含具体要求的合作协议，而是通过实际落地的首个项目作为彼此的测试，建立起双方能够一起创作出更多价值的相互信任后，再进行更长期、更有深度的广泛合作，这是较好且务实的合作节奏，如图2-22所示。

图2-22 高端节庆手礼产品规划及设计工作任务

过多的逻辑带不来高潮

我们会刻意弱化市场调研，也很少跟随甲方到市场上去看他们的产品，因为这些可能会影响判断，使我们无法回到原点思考问题。无论是梳理客户需求，还是挖

掘产品商业价值，调研分析只是属于探寻问题的方法，过多的逻辑分析并不会带来爆发性的灵感，其形式不应被固有观念所僵化。

我们坚持"第一性"原则，回到事物的本质看问题，用设计师特有的擅长方式来切入项目需求——戏精式的换位思考。聚焦于人本身，根据不同的项目将自己置换成不同的客户和用户，体会他们怎么看待目前的一切，大概会如何开启一个产品，在整个体验过程中会有怎样不同的想法，这种模拟能力才是真正重要的部分，而不是一开始就先看市场有什么变化。设计师只有将自己虚拟成用户，虚拟成甲方，才会与产品本身产生更直接的关联。我们称其为感性创作方法。

所以，在做"良品铺子·十二经典年货礼盒"时，当切换到儿时过年的场景，发现食物与器皿，以及与整个产品的匹配过程，体验其实很糟糕，其中包含的诸多痛点至今仍未完全解决。我们在解决包装问题的同时，把与食物相匹配的容器和垃圾存放问题一并解决，使消费者在产品使用过程中拥有整体流畅的体验。综合上述问题，才能使产品本身的礼盒属性得以增值。在这个过程中设计师必须把自己置换成用户。用户会如何思考？如何解决问题？解决的过程中是否有难点？他们又会迸发出怎样的需求？这些需求能否被设计师解决？这是最基础的思考路径。一定要从人本身出发来挖掘分析，如图2-23所示。

图2-23 "十二经典年货礼盒"细节展示

设计目标：超脱理性的妙不可言

　　设计永远解决衣食住行等生活问题。我们坚持"第一性"原则——设计是用来做什么的？改善生活，在生活中提供更好的便利、更好的使用体验、更好地体验生活的美好，这才是我们的方向。

　　在此基础上，我们的设计目标是这个产品能否从真正意义上打动人，尽量让它与人的情感产生直接关联。一个好的包装设计，是用户被瞬间打动时不由自主地脱口而出"哇！天哪！"的感叹。我们会尽量减少过多的理论分析，因为理论分析只能解决基础问题，而过度的分析会让最终产品显得过于平庸。一定要找到人和产品之间妙不可言的关系，这才是缩短产品与用户沟通时间的关键。所以，将超越逻辑、可打动人的妙不可言作为我们的目标，并以此来衡量最终设计成果是否具有说服力。

　　为此，我们常常感谢甲方给了我们去"冒犯"市场的机会，这是作为设计师可以打破市场的固有认知和颠覆市场传统的机会，也是设计从业者共同追求的目标和价值体现。从这个职业理想角度出发，我们应该紧跟商业市场的发展节奏，将成为消费产品市场发展的推进者作为大目标来持续践行。图2-24所示为"十二经典年货礼盒"效果展示。

图2-24 "十二经典年货礼盒"效果展示

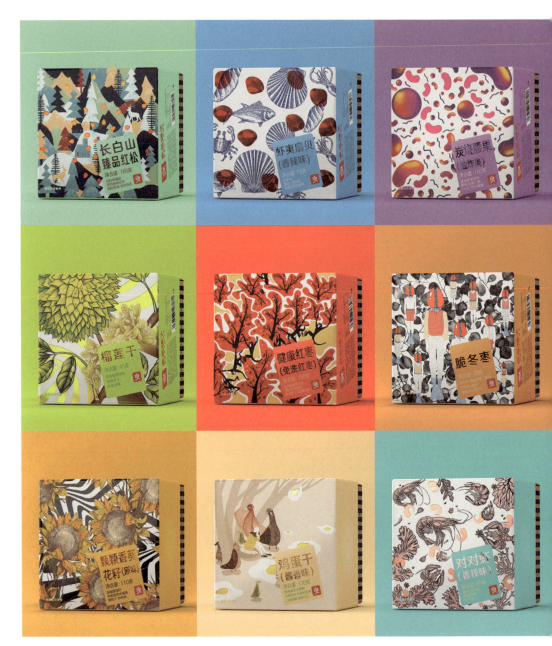

图2-24 "十二经典年货礼盒"效果展示(续)

图2-24 "十二经典年货礼盒"效果展示（续）

交付的是作品，而不是一本厚厚的策划案

在提案环节，尽量缩短我们与客户的沟通时间，方案报告尽量简洁，能1分钟说明白的事情不要超过15分钟，重点看作品，我始终坚信，如果作品打动不了人，再多的语言也没用。因为当产品上市后，你没有机会站在产品前向用户解释。所以用最短的时间，用产品说话，才是我们最应该坚持的内容。

设计师在创作过程中要抓住自己最关键的部分，没必要花费大量时间面向客户树立自己的概念标准，这可能会放大自己的偏见，为了获得别人认同而反复将硬加的观念灌输给客户，让客户用你的标准来评判你的作品，这是本末倒置，更不是甲方真正想要的。应该用交付的观点去看，我们交付的是作品，而不是一本厚厚的策划案。

好的开端，始于品质把控

项目初期都是由我亲自操刀带领团队梳理思考路径，制定设计计划，从原创的角度看，这会让整件事情的操作变得轻松愉快。所有的原创项目都会由我先绘制草图，大部分甚至会深化到抠完矢量图形，建完三维模型，再交由前端执行小组往下推进。一开始就明确好品质基点，后续会减少不必要的团队消耗。而整个执行过程都为实现最后的惊喜感而努力，也是团队执行时坚持的共同目标。图2-25所示为"十二经典年货礼盒"草图绘制。

图2-25 "十二经典年货礼盒"草图绘制

掌控后端，打样是关键

我们的内部分工非常完善，不仅有设计师、表现组，还有独立搭建的后期组，配置了上百万的设备。因为所有的创意只看图是没有用的，落实到产品端才是最终的解决手段，它一定是拿在手上的感受，而不是PC端，这是天差地别的感受。所以在后端，我们尽量从工艺、技术层面将创意进行完美表现，其优点是我们在前端开始时，就将一切设计工作在能实现的基础上尽可能实现，这是其他团队难以构建的。我们的投入其实能解决以下两个问题：

（1）工艺技术与设计本身的完美配合。

（2）快速提升客户产品的面世时间。

打样是所有客户的硬伤。多数设计师交付设计稿后，由企业或厂家进行打样，产品通常都会经历5~6次反复打磨，如果每次时长为一周，就要耗费几个月时间，并且结果不完全可控。而我们将最后一两次打样之前的所有打样工作全部自己完成，这样会把以往客户可能需要花费2~3个月完成的事情仅用1~2周就可以完成，大幅提升了我们对于后端的掌控，如图2-26所示。

图2-26 "十二经典年货礼盒"打样

如今谈包装设计，不会仅仅只是设计问题，还会带有工艺和技术，甚至技术升级带来的各种视觉体验和感官变化，这是值得珍视的内容。

通过以上讲述，将工作流程进行总结概括，如图2-27所示。

图2-27 "十二经典年货礼盒"项目流程

项目执行中的评价体系

针对每个项目，我们都会进行相应的复盘，每个小组在负责所有创作和执行的过程中，也会用专门设立的TOP评价体系对小组项目的执行结果进行评估，内部也会有相应的激励政策。评价体系中的主要因素包含3个方面。

1. 专业高度

在自我认知范围内，从专业美学维度出发，尽全力实现我们认知范围内最大化的专业高度。这里面掺杂的条件较多，来自团队内部及外部对美学的认知，如该项目所获奖项的多少等。这只是其次，关键是你做完的项目能否成为团队的口碑项目，这是最重要的评价之一，因为我们更专注于自我认知的价值观和追求的目标，而不是奖项本身。

我们鼓励团队成员能够基于专业高度而不断进步，不管是拿到更大奖项的项目，还是我们内部评估能够进入TOP18的项目，都会在年底得到一定的奖励，这在一定程度上意味着，我们全方位支持所有有助于提升专业高度的人、事、物。

2. 市场反馈

从商业价值维度出发，不拿"飞机稿"说事，重点看市场的影响力和反馈，这才是设计师应该关注的问题。

3. 落地呈现效果

这方面涉及客户最终上架的产品呈现效果，与我们所期望呈现的效果之间的差距有多大。一般意义上，我们会尽全力把控所有细节，但由于各个客户的供应商、成本等各方面的原因，落地呈现的效果会有所折扣，这是我们目前正在努力的部分，如图2-28~图2-30所示。

图2-28 十二经典年货礼盒·四海求凰款

图2-29 十二经典年货礼盒·敦煌伎乐款

用设计探寻人与产品间的妙不可言——潘虎包装设计：良品铺子"项目解析

图2-30 良品铺子·端午礼盒

图2-31所示为部分用户的反馈。

良品铺子家的零食好吃,种类多!一站解决!适合我这种吃货!

良品铺子家的包装好潮,吃起来美美哒!

线上线下都能买到,实在是太方便啦!

图2-31 市场用户反馈

关于客户沟通合作的看法

1. 不是所有的客户都适合所有的创作者

选择在前期有兴趣和想法的项目合作,其优点是能保证设计师全身心地投入,以便达到彼此满意的结果。要理解自己的局限性,你不是万能钥匙,而只是一把钥匙,只能开一把锁。要看这把锁是否在你的能力范围内,而不是为了接项目而合作,避免机械的项目执行。

首选对我们的风格属性和工作方法已经有了高度认可的企业,在此基础上还要擦亮眼睛选择靠谱的企业。评估甄选客户有几个标准:第一,它的产品好不好;第二,企业的一把手是否对这个产品有正确的理解认知和成熟的品牌策略,因为思路决定出路,这会决定该企业未来的发展,不具备这个标准是不能发展成为未来合作伙伴的。

所以无论是团队伙伴、甲方客户,还是周边供应商,只要能够推进我们认知范围的专业高度,提升我们产品的专业高度,我们就会鼎力支持。如果大家在合作中有违这个目标,不能推进产品的专业高度,不能形成更好的市场影响力,哪怕是客户也要果断拒绝。

2. 避免无意义沟通

沟通中只对接可以承担失败后果的负责人或一把手,减少过多其他决策者的参与。理由是,负责人或一把手对企业战略层面了如指掌,大家沟通起来比较直接,没有障碍,能够较好地理解双方的想法,有这样一个决策者从头到尾参与,会非常高效。

3. 不必分析取悦甲方

没必要去分析甲方到底怎样沟通，而是弄清自己，埋头做到自己认为最好的效果，作品是最好的说明，关键是你在专业市场上是否被市场认可，是否被甲方群体、被产品认可。

4. 甲乙方责任明晰，专业分工下单纯做好事

我们只做包装设计及包含包装设计的品牌设计。我们对客户的反向要求相对来说比较苛刻，甲方必须提供完整的策略内容，提供所有文字的优先级和最完整的文字资料。客户清晰完整的品牌策略是沟通合作的基础。我们不会帮客户做这方面的梳理，更不会舍本逐末地和甲方谈战略。专业分工下，该我们做的事情，我们拼命做，不是分内的事情不要乱做。因为，只有专业化才能真正参与价值链并创造价值，如图2-32和图2-33所示。

图2-32 "十二经典年货礼盒"文案策划

图2-33 "良品铺子·十二经典年货礼盒"完整展示

国内与国外的设计服务经验差异

如今国内外的竞争格局发生了极大的变化。国内的设计水平、材料应用、前沿科技的应用今非昔比，近年来，越来越多的国外品牌产品开始来国内寻求设计服务。国外客户之所以看好国内设计师，应该是基于市场和需求的变化，他们很想知道中国高速发展后的商业市场或产品设计到底发生了哪些变化。通过国内设计师对于市场和消费者的敏感度，找到在中国市场上更行之有效的方法，这为国内设计师提供了更国际化、更宽阔的视野。

因为客户们最反感的就是几乎接近的产品路数，他们需要寻求更多的市场差异化和渗透力，这也要求我们必须保持一些外行的观察视角，保持设计师的敏感度，不能过于主观和经验主义，需要对每个项目产生定制和创作型的结果。

另外，国内外目前面临的共同现状为：所有规模化运营的设计团队，都不可避免地以损失专业高度为代价，保质还是保量，成了此消彼长的辩证问题。关于未来设计团队科学运营机制的研究，还有待同行们一起努力。

结语

每个时代都会对设计行业及设计师提出不同的要求，每个设计团队作为独立的生态、独立的物种，要紧跟并适应这个时代，才能在发展变化的生态环境下得以生存、繁衍、壮大。

站酷网编辑：刘月瑶

OUTSOURCING TOPICS

02 委托设计篇
项目零距离

智能汽车 HMI 设计全流程
——上海博泰车联网车载
UI 设计案例解析

导语: 一个时髦的车载 HMI 项目,原来是这样完成的!

个性化消费时代的到来，让城市中产阶层在通勤过程中的"第三空间"——汽车同样进入了一个"个性化"时代。

互联网时代的特色是，人们无论身处哪里，都会与这个世界相连。

特斯拉曾带来了新的车机屏幕交互体验，之后国内各大车厂都在车联网的用户体验上发力。造车新势力与互联网大厂的纷纷入局，让车联网焕发出了前所未有的生机和魅力。手机系统的研发经验与成熟的生态应用，使得迭代与更新不断加速。去年新能源汽车的股价一路飙红，目前已经是一个战略性的新兴产业。从2011年开始，新能源汽车领域一直处于上升期，2019年，其在我国年度新车销量占比为5%，2020年占比提升到5.8%，预计到2025年新能源汽车销量占比将达到20%，发展趋势和市场都非常可观。

2007年1月9日，第一代iPhone的正式发布，开启了崭新的智能手机互联网时代。智能汽车会是下一个未来吗？

在上海的一家车联网设计公司担任设计总监的朱健认为，实际上智能汽车车载系统的变革已经开启。曾经一直是车展上独占鳌头的合资品牌汽车，在2021年上海车展上却显得有些乏善可陈，而国产的新能源汽车品牌逐渐崛起，带给人们很多惊喜，车机系统设计百花齐放，无论是硬件配置，还是车联软件的功能体验，都敢于大胆创新。

从2019年开始，朱健带领的设计团队为一家国民汽车品牌做了HMI的设计（Human Machine Interface，现多指车载交互系统体验设计）。

经过几年的经验积累，朱健认为这些车联网的设计外包项目非常考验设计团队的综合实力与产品思维，从用户洞察到视觉表现，再到3D动效设计，车联网项目的落地周期往往长达两年。

本文根据对朱健的专访整理而成。当汽车越来越懂我们时，设计师都在项目"马拉松"里做了些什么？

"甲方是更懂业务的人"

我们所在的车联网公司，在汽车行业中属于第一供应商梯队，被称为"Tier 1"，主要任务是根据甲方（汽车厂商客户）所提供的需求文档和功能清单，完成相关的用户体验设计，这个过程中更偏重于设计执行，根据项目开发时间节点，高质量交付各阶段的任务。

甲方车厂是真正了解产品、懂得用户的人。在项目设计的起步阶段，甲方往往就已着手做过很多准备，乙方设计团队在项目之初就能获得来自甲方的信息，如用户调研、数据报告、用户画像数据、竞品分析等，如图2-34所示。

图2-34 设计团队与甲方的分工

甲方团队负责人承担项目经理的角色，根据不同工作板块，安排不同的甲方设计对接人。对接人通常是UI、UE设计师，工作日常多是统筹项目进度，把控设计质量，同时兼顾后期体验测试和项目落地的实际效果。甲方的设计师们更多偏重于管理，做出将前瞻性的设计思考应用到下一代产品开发的整合新方案。

此外，甲方设计对接人还需要协调车厂内部多部门参与，判断和取舍多方建议后，确保能从产品的视角让更好的用户体验设计落地。方案完成后，对接人要向部门提交检验用户体验量化数据标准的评分报告，以及后续改进分析报告等，如图

智能汽车 HMI 设计全流程——上海博泰车联网车载 UI 设计案例解析

2-35所示。

图2-35 甲方与设计团队的协作

HMI设计目标拆解

我认为好的设计应该能够实现产品目标，解决用户痛点，在商业上畅通无阻，同时还具有一定的社会价值。在这个服务项目中，我们不仅实现了设计目标，解决了用户痛点，而且为甲方车厂客户、车辆买主都降低了成本，也带来了更好的使用体验，如图2-36所示。

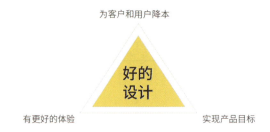

图2-36 拆解HMI设计目标

乙方团队也在项目中短期内提升了快速交付能力、多方配合执行能力等，摸索出了手机车联网、车机车联网融合交互体验设计，比如如何将互联网已养成的用户使用习惯迁移到汽车车机上？甚至是车机生态App的使用习惯与数据流转迁移等。也为后续IOT（Internet of Things，物联网）的一些项目打下了坚实的基础。

我们制定了以下4个设计目标：

（1）超越车机车联网的体验。

（2）持续迭代设计。

（3）多用户服务能力。

（4）更多的生态服务。

设计需要首先解决产品的核心诉求，从每一个目标出发，聚焦思考问题的解决方案。

1. 超越车机车联网的体验

本质上是解决如何使车载UI界面能够像操作手机一样，让用户体验迅速、流畅且功能丰富，如图2-37所示。

图2-37 超越车机车联网的体验

在实现了一次手机与车载系统配对后，未来便可"无感"自动链接车机账户，让手机上的一些用户体验习惯也可以在汽车内延续。

2. 持续迭代设计——升级OTA

OTA（Over-the-Air Technology）的中文意思是"空间下载技术"，在车联网领域中，OTA多指硬件远程在线升级，如图2-38所示。

这个设计诉求是让车载系统可以像手机一样拥有快速迭代、不断升级的能力，在手机端可以随时操作，但要确保后续升级服务的交互流畅，也需要通过一些技术，让升级过程避免过多地消耗手机网络流量。

图2-38 持续迭代设计：升级OTA

3. 多用户服务能力

通过对用户喜好、用户习惯的洞察，结合车辆功能，用设计方法实现千人千面，如图2-39所示。

图2-39 多用户服务能力

比如，通过摄像头识别车内驾驶员和乘客的身份，同步HMI系统个性主题、私藏歌单等，甚至可以根据车主当日的衣着和色调，来定义整体车辆氛围灯的颜色，这些都需要交互设计配合。

4. 更多的生态服务

让手机上的应用服务与内容资源都可以在车内共享，不受CPSP限制。

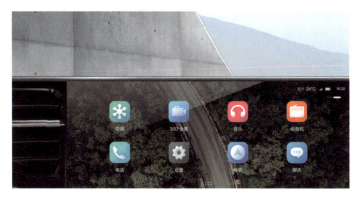

我们为此设计了用户体验的流程，让用户自主调用手机上的应用服务，而无须通过车机端，从而减少了多端收费，帮助用户节省成本，如图2-40所示。

24°C
18:30
空调
360°全景
音乐
收音机
电话
设置
导航
聊天

图2-40 更多的生态服务

拆解甲方客户的需求

接到新的项目后，我们一般会从阶段、客户端、屏幕种类、交互框架、视觉风格和功能梳理等不同的维度，将甲方的需求进行拆解，如图2-41所示。

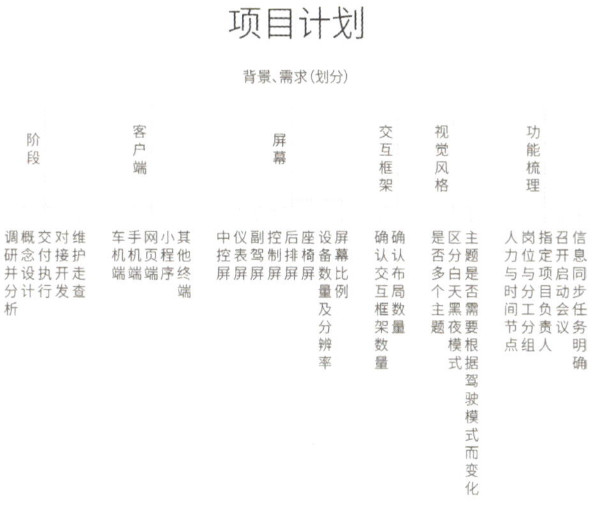

项目计划
背景、需求（划分）
阶段
客户端
屏幕
交互框架
视觉风格
功能梳理
调研并分析
概念设计
交付执行
对接开发
维护走查
车机端
手机端
网页端
小程序
其他终端
中控屏
仪表屏
副驾屏
控制屏
后排屏
座椅屏
设备数量及分辨率
屏幕比例
确认交互框架数量
确认布局数量
是否多个主题
区分白天黑夜模式
主题是否需要根据驾驶模式而变化
人力与时间节点
岗位与工分组
指定项目负责人
召开启动会议
信息同步任务明确

图2-41 拆解甲方客户的需求

第一维度需要明确每个阶段要做的事情。第二维度确认需要设计的终端数量。第三维度根据屏幕种类，确认设备数量、分辨率及屏幕比例。第四维度交互框架的确认是UI视觉设计的基础。第五维度确定视觉风格，决定了设计执行的工作量是成倍递增还是递减。第六维度功能清单和流程梳理，将各个设计任务具体落实到人，做好信息同步。

项目进入执行阶段，乙方设计团队通常会使用头脑风暴、饱和规划的方式，尽可能地覆盖所有可能的场景或驾乘情况，然后进一步筛选提炼，除了乙方自身的设计能力，还需不间断地与甲方对接人保持沟通，以便实时获得资讯和想法。

HMI项目完整流程

车联网项目从立项到落地，往往要历时两年之久。一款新车留给车载系统设计板块的时间，最少也要半年。为了更好地把控项目，其流程也会更加复杂，过程中乙方会反推甲方客户进行评审确认，目的是让设计结果的呈现不偏离目标。完整的项目流程如图2-42所示。

图2-42 HMI项目管理流程优化

车载系统设计是一项大工程，需要多团队参与配合。在这个过程中，设计团队与甲方不仅是简单的甲乙方商务关系，设计师也不要把自己当成"乙方"，因为从做好一个产品来讲，甲乙双方应像战友一样默契配合。

视觉设计定位

汽车与手机不同，车厂的每种车型都带有独特的人群定位，比如经济型轿车与豪华型轿车，在视觉设计和交互逻辑上就有很大不同。

在接到任务之前，就需要做大量的视觉调研工作。从车厂甲方获取初步资料后，往往需要进一步沟通和挖掘用户需求，并尝试多种风格方案，最终得出调研与评审结果，如图2-43所示。

人群的划分　　　　车型本身的风格　　　　整体配色

图2-43 视觉设计定位

在视觉设计上，通常会考虑以下几个方面：

（1）消费者人群定位。

（2）车体风格。

（3）内外饰配色。

交互设计原则

车载系统在交互上，主要遵循两个设计原则。

1. 安全至上原则

用户操作过程中，要保证驾驶安全；操作体验中的人机交互都需要实际演练模拟，并输出操作热力图。

2. 高度匹配原则

车载系统各硬件之间的交互设计具有体验上的一致性。通过精心梳理汽车自带的硬件列表，找到最优的交互方法。

通常会考虑车辆硬件的按键交互、硬件物理参数和空间布局，如图2-44所示。比如屏幕大小，屏幕与主驾座椅之间的距离，是否带有摄像头，仪表盘被遮挡的区域，以及整个车载系统的硬按键功能与数量等，这些因素都会影响系统架构的初步规划。

| 硬按键交互 | 配备 | 页面布局 |

图2-44 交互设计

概念设计与执行

"先于甲方团队做设计走查与自我评测报告"

交互概念设计是确立设计项目骨架的地基。我们会在这个阶段制定UX交互策略，如图2-45所示，其中包含UX概念、多屏互动方案、分屏分布方案、AI信息结构、各屏主框架方案和主交互框架方案。UX策略设计出来后，还要在这一步确立交互设计的框架，如图2-46所示。

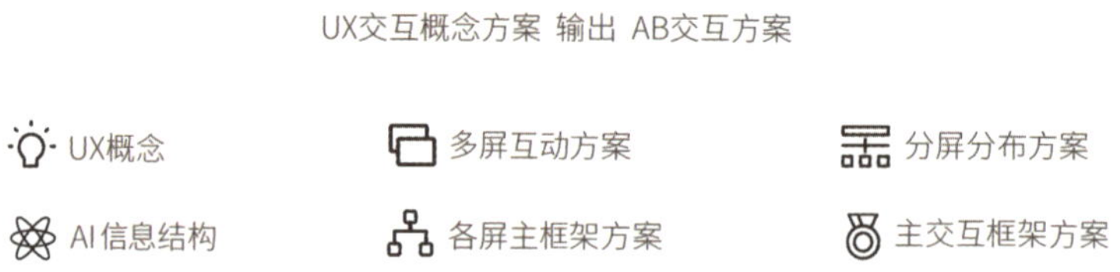

UX交互概念方案 输出 AB交互方案

- UX概念
- 多屏互动方案
- 分屏分布方案
- AI信息结构
- 各屏主框架方案
- 主交互框架方案

图2-45 UX交互策略

通知层
负一屏
状态栏
DOCK层
应用层
拓展层
语音层
车控层

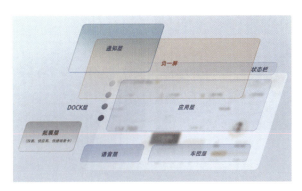

图2-46 确立交互设计框架

之后便进入视觉概念设计阶段，将以视觉逻辑来推导，从而保证概念设计方案以专业性的结果呈现，如图2-47所示。

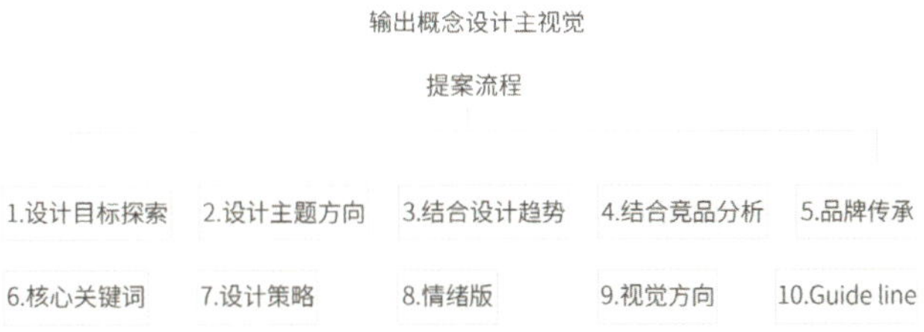

输出概念设计主视觉
提案流程
1.设计目标探索
2.设计主题方向
3.结合设计趋势
4.结合竞品分析
5.品牌传承
6.核心关键词
7.设计策略
8.情绪版
9.视觉方向
10.Guide line

图2-47 GUI视觉示意例图

在这个环节中，会制作交互DEMO和搭建虚拟演示台架，并且在此增加一轮设计走查，模拟设计执行落地后的测试工作。

概念设计阶段完成后，就会制作设计规范，然后输出关键页面。这也是占用人力最多的深入交付阶段，再往下推进会比较顺利。完成整套HMI设计时，还会在汽车模拟台架上测试交互效果，如图2-48所示。

图2-48 交互效果概念图

设计接近尾声时，乙方设计团队也会做自我设计评测报告，对设计进一步改良，制定评测规则后，以理性打分方式测评各个体验模块的功能，然后逐一优化。

整个项目过程会经历概念设计、团队支持和交互效果验收3个阶段，如图2-49所示。

概念设计　　　团队支持　　　交互效果

图2-49 项目过程的3个阶段

图2-50所示为某国民汽车品牌项目设计图。

图2-50 某国民汽车品牌项目设计图

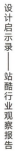

断点续播，音乐听不停

图2-50 某国民汽车品牌项目设计图（续）

项目沟通与合作

设计服务，同在一个"战壕"的甲乙双方才能真正做出好产品

车联网的项目往往都是经历一两年之久的较大型项目，在接手项目的设计团队人员分配上，首先会细化设计师工种，配置交互团队、视觉团队和动效设计师，通常需要2名交互设计师，若干名视觉设计师，以及1~2名动效设计师，如图2-51所示。在工作方式上强调协作性，执行起来环环相扣。

视觉设计师 6人　　交互设计师 2人　　动效设计师 2人

图2-51 设计团队的人员结构

甲乙双方在项目中如何保持顺畅推进合作，需要不断摸索及经验的积累。在合作上，有4个基础经验可供参考，如图2-52所示。

图2-52 甲乙双方合作的规则

1. 权责明确，"丑话说在前"

事先再三确认每次沟通对接的内容，甲乙双方相关负责人的各自职责一定要明晰，交付文件的质量标准和时间节点也要交代清楚。

2. 提前预判可能存在的"坑"

项目在一次次对接过程中必然会出现分歧，需要在启动阶段就讨论解决分歧的机制。

有经验的团队往往知道会踩上哪些"坑"，于是就会提前准备，比如事先和甲方沟通，评审环节可能会出现甲方领导要求反复修改的情况，那么评审机制如何建立？如何去约束甲方客户的主观不确定观点？设计交付后期，如果遇到下游团队不够专业，乙方设计团队因此而产生变动、修改的成本会增加多少等。

这些现实问题如果一开始就已经谈好，过程就会很顺利，即便出现矛盾，也不至于因相互之间不能理解而发生激烈冲突。

3. 甲乙方共同参与

让双方都更多地参与到过程的细节中。

4. 抛开偏见，杜绝自满，才能保持良好沟通

听上去俗套，但务必重视。

作为外包团队，在与甲方客户合作的整条时间线上，免不了各种磕磕绊绊，这往往是由于信息不对称导致的。项目过程也是甲乙双方磨合的过程，杜绝自满和抛开偏见最重要。初级设计师容易骄傲自满，这点非常不利于合作。

同时要抛开一切对甲方客户的偏见。要承认，车厂客户见过的车、接触过的乙方、看过的方案，肯定比我们多很多。

甲方提出需求的初期，作为乙方，要以尊重为原则，认真分析需求，结合自己的设计专业能力协助甲方将需求进一步拆解。这样甲方才会尊重乙方设计师输出的想法，并从他们专业的视角给我们提出意见。

沟通不畅时，双方都平静下来就会明白，双方在本质上都是基于追求一个目标与结果导向的。

做到以上4点，甲乙双方一般就会在一个长期的外包项目中保持密切沟通，甚至达到默契配合的程度。作为乙方设计团队，如何与甲方客户更顺畅地沟通，我们依然在摸索中，欢迎大家留言讨论。

智能汽车系统的设计也像曾经的手机互联网一样，已经进入了发展快车道，无论是新公司还是传统车企，或者互联网巨头们，都已参与其中。对于设计师来说，这个领域也是能一展拳脚的好地方！

站酷网编辑：张曦

OUTSOURCING TOPICS

⓿2 委托设计篇

设计经验帖

怎么找到最合适的外包设计

导语：流程和公式只是工具，而决定是否使用工具、怎么使用工具的是人。

任何企业中，仅做后台支持而不创造营业额的工作都应该外包出去。任何不提供向高级发展的机会、活动和业务也应该采取外包形式。

——彼得·德鲁克（Peter F. Drucker）

然而，怎么才能找对人？怎么才能花对钱？怎么按时地完成项目？怎么漂亮地完成项目？也就是说，怎么找到最合适的外包设计服务呢？

首先，关于找对人和花对钱，可以用下面这个设计报价公式来统一计算。

设计报价= [（设计师成本×设计师品牌）÷机会成本]×沟通有效性 + 硬性成本

设计师成本=（思考能力+执行能力）or 日薪×耗时

设计师品牌= 设计师 or 代表作品知名度×设计师美誉度

机会成本在这里是指设计师接受该项目的可能性，范围为0.1~10，刚好愿意接单的数值为1。

项目排期满额，项目没有挑战性，乃至假期安排冲突等，都可能使这个系数小于1，导致价格上升；反之，客户知名、项目有趣、熟人委托等，会降低拒绝的可能性，把这个系数上升到大于1，同时降低报价。

沟通有效性的本质是信任，在基本信任度建立的前提下，应该有科学的方法支持。

硬性成本= 税务成本 + 差旅成本 + 工具/素材/场地/配合人员薪资等其他不可避免的成本。

然后，通过检视这个报价公式可以发现，其中的大多数项目都是既成事实，很难在短时间内改变，只有"沟通有效性"可以经过改进大幅提高。下面详细介绍一下如何改进沟通有效性。

一个外包项目大致可以拆解成以下几个大步骤。

寻找问题/界定需求

这是设计者和客户共同寻找答案的过程。

（1）使用"用户体验五要素"和"5W分析法"等模型，进行设计诊断，找到问题的根源。

（2）确定项目决策人及主要影响人或专家顾问，组成"审批小组"，明确出现意见分歧时的加权决策方案。

（3）以SMART原则写清具体需求目标，并通过审批小组确认。

（4）支付定金。

分析问题/概念设计

以客观事实为依据，以大胆假设为导向，提出解决方案。

（1）从竞品分析、产品数据分析和用户反馈中收集数据和线索。

（2）召开头脑风暴会议，收集新的想法和假设。

（3）按照用户体验旅行地图梳理所有事实线索和想法假设，以KANO模型及ICE排序进行创意管理。

（4）提出完整的概念设计，需要同时包含前端色彩等感性要素的情绪版，以及后端技术条件等理性要素的服务蓝图。借助专家咨询、调研用户、内部打分等手段加以初步验证，并通过审核小组确认（如果无法组成确定的审核小组或者明确每次审核的规则，建议立即停止项目，以免在未来给双方带来无穷的困扰）。

（5）支付首期款，签署版权约定。

组建团队/过程管理

及时充分的交流可以降低双方的成本和风险。

（1）给出项目甘特图，约定项目阶段里程碑的时间点、交付物和任务负责人，并和审核小组确认通过。

（2）在各里程碑节点提交成果，并通过审核小组确认。未能通过的，收集归纳评审组建议并改进后，重新约定提交节点，直至完全通过该节点的审核（如需重新设定需求或实现路径，需额外补偿设计费用）。

（3）按照约定支付各阶段款项。

结案汇报/后期服务

以建立长期合作为愿景来完成本次合作。

（1）使用归纳推理法，快速完整地展示项目成果，如果有项目相关数据或变化的事实，需包含在结案汇报中。

（2）结算尾款并约定后期服务条款。

（3）持续合作关系是信任的真正来源，要避免做"一次性合作"，继续努力挖掘持续合作的可能性。

至此，一个常规外包设计项目的报价和流程就介绍完毕了。这里还需要补充下列几个观点。

（1）流程和公式只是工具，而决定是否使用工具、怎么使用工具的是人。

（2）欢迎改进或者提出更好的工具，我们一定及时署名并补充进来，邀请你一起构筑一篇更有用的内容。

（3）观点无对错，事实需分清。

案例解说

最后，通过简单虚拟难、中、易3个案例，来说明如何灵活使用这套方法。

1. 高难度外包项目虚拟示例

项目简介：大米公司是全球500强，东国规模产值最大的手机厂商和智能化3C制造商之一，成立于10年前，需要进行一次品牌升级。希望可以借由这次升级，成为全球认可的高品质产品制造者，保持电子产品制造者的印象的同时，为品牌带来可以胜任高端生活方式类产品的印象，进而扩大世界市场占有率和利润空间。项目预算2000万元。老板雨总十分尊重设计师的价值，亲自跟进该项目，并且指示所有人无条件配合，时间计划为2年。

项目思路：根据公式列举各要素价格。

2000万=（3W日薪×500工作日×10 日用品牌世界级设计大师）÷8（无条件配合+设计师极为感兴趣+行业级项目）×1（无条件配合）+ 200万（税务成本+差旅成本+工具/素材/场地/配合人员薪资）

解决方案：只要找到能把一个日用品牌塑造起来的世界级大师，他的价格在3W日薪左右，剩下的就都可以托付给他了。大米公司只需要展现出最大的诚意并全力配合，大师自然会给出匹配他声誉的服务和作品。后面所有的工作流程也遵循大师的方法流程即可。

结案！

结论：有钱真好！

2. 中等难度外包项目虚拟示例

项目简介：我们打算做食品行业，名字为"夺笋"，展现"高大上"的同时要"接地气"，具备"科技感"和"贵族感"，"让人眼前一亮""炫酷的Logo"，最好有"低调奢华"的感觉。你是设计师，你自由发挥，我们现在没有想法。钱不是问题，但是我们很着急，因为我们老板和老板娘是审美特别高的人。

项目思路：熟悉不？感动不？敢接不？但这就是最常见的客户。先别急着抱怨，我们使用工具来梳理一下思路。

首先，通过不断追问和头脑风暴，固定好设计需求。

客户是北京南锣鼓巷新创的以螺蛳粉为主的快餐店铺，有独家的调料秘方，希望通过视觉设计，在南锣鼓巷立足，并且希望可以变成网红店。

本次设计需要Logo及门头、餐具、菜单、水牌、广告牌的设计（详见清单），估计需要8天时间才能完成。因为客户是新入行，希望找经验比较丰富的设计师，运用时下流行的酸性设计风格，以区别于其他南锣鼓巷店铺的物料材质。

第一视觉：夺笋，酸掉牙的螺蛳粉。

搭配元素：蝙蝠，笋，佛像，牙，螺蛳，星球，显微镜。

色彩：荧光绿色。

图形：线性描边。

字体：站酷快乐体。

然后，看看哪些元素老板娘可以和老板一起拍板，组成审核小组，并且确认每次投票的规则是什么。

根据细化的需求和拍板人的协商，希望可以在10天内找到经验相对丰富、报价合理的设计师，来完成这次品牌设计，进而可以得到报价预算。

（1K日薪×10工作日×2高级设计师）÷0.5（略难缠-1 + 设计师较感兴趣+0.5）×2（大概率改稿次数大于3）+ 1万（税务成本 + 工具/素材）= 9W

解决方案：以9万的报价、10天的工作时间去寻找工作经验5年以上、月薪大致2万的普通品牌设计师，并且约定好具体的付费和阶段交付细节。

Day1：设计师提案，确认设计概念方向。若通过，预付3万。若概念稿不通过，1000元提案费，结束合作。

Day3：所有主要元素的设计初稿审批，若通过，付首期费用2万，若不通过，2000元提案费，结束合作。如需修改，约定时间。

Day5：二稿审批会，若通过，付二期费用2万。若仍不通过，2000元提案费，结束合作。如需修改，约定时间。

Day8：完稿审批会，若通过，付尾款3万。如需修改，约定时间。

Day10：版权办理，喝酒畅谈；或者根据失败经验调整报价，找下一位设计师。

结论：老板娘少挑剔点，事情好办点。

3. 低难度外包项目虚拟示例

项目简介：情侣头像，有照片和范图。绘制时间约2小时。希望由比较知名的大师来画。预算2000元，希望2天内可以拿到。

项目思路：2000=（1.5K日薪×0.25工作日×4 十万粉丝级画师）÷1（画师日常单）×2（另一半比较挑剔，大概率改稿）+ 0万（无其他成本）

解决方案：从专门接单的、粉丝数十余万的画师中，找到风格喜欢的，先给定金，看一下构图，然后坐等收图。

流程简化至只有看草图（概念设计）一步。如果完稿质量很差、很离谱，则对其进行负面宣传，让他的品牌受损即可。

结论：别找太挑剔的另一半，也别成为太挑剔的这一半。

最终，时间×信任=价值×成功。无法建立信任的合作，没有时间概念的合作，不要开始。

站酷网编辑：纪晓亮

OUTSOURCING TOPICS

⑫ 委托设计篇

设计经验帖

什么样的设计可以征服客户

导语: 只有没上过班儿的设计师，没有没接过活儿的设计师。

受新冠肺炎疫情影响，很多设计师都降薪甚至失业，让本不富裕的生活雪上加霜。但与此同时，也有很多设计师反而在逆境中开了窍，接到了更多的单子，做出了更好的设计。

那么，怎么才能过上钱多事少在家办公的独立设计师生活呢？我们邀请了8位出色的接单高手来一起探讨。他们中有正在大厂上班偶尔接单的全职设计师，也有工作多年后毅然创业的"创意老炮"，有从未上班打卡的独立设计师，还有拥有整个设计团队的公司老板。

赵威：市场只要存在竞争，就会要求我们去做一些革新和改变，这适用于所有行业。

全职设计师/5年经验/多服务于互联网及新型行业：媒体、社交、海外市场等/年接单金额：数十万级

迦木木：与其独自做设计，不如多和顾客沟通，从而发现他们的真实需求。

独立珠宝设计师/12年经验/直接服务于消费者，女性为主/年接单金额：数百万级

是北瓜呀：设计是一门手工活，活要出色是第一位。

全职设计师/两年半工作经验/无固定服务行业/年接单金额：数十万级

力虎广告：当你在某个领域足够优秀时，机会就会自己走到你的面前。

自营设计机构/公司成立5年/聚焦电商品牌视觉设计全案的广告公司，客户较多来自家居、母婴和美妆类目/年接单金额：千万级

NiceLabStudio：活儿不分大小，用心去做每一件事，剩下的交给时间。

自营设计工作室/从业10年，工作室成立一年/多服务于"客户是年轻人"的行业，如玩具、食品、潮流服饰等/年接单金额：数百万级

你好大海品牌设计：设计师应该持有一定的态度、价值，用专业的设计能力和客户平等地对话。

自营设计机构/公司成立9年/多服务于快消、美妆、生活美学领域，以及一些原创设计品牌的合作/年接单金额：数千万级

石昌鸿（上行设计）：把自己的专业做到极致，无人取代便是你的核心能力。

自营设计机构/公司成立8年/多服务于餐饮、白酒、茶类客户/年接单金额：数千万级

杨晟Sheen（五感觉醒设计5SD）：认真对待每一次合作，从前的合作伙伴自然会感受到你的用心和尽责。

自营设计机构/公司成立9年/多服务于互联网行业

下面进入主题。

WHY？WHAT？
客户为什么找你？设计师的核心能力是什么

客户的情怀不多

客户都是实在的生意人。设计师在苦恼缺少优质客户的同时，客户也在烦恼怎样才能找到优质靠谱的设计师。客户只能从你的过往表现中为你已经证实的能力买单，而很少愿意去赌你在未来可以突然爆发。

从大家的回答和对设计项目的观察中，可以归纳出以下4个客户看重的设计师特征。

1. 与客户需求同类型的过往作品

如果你参与甚至主导过和潜在客户需求基本一致的案例，那么，这将会是最能

打动客户的表现。例如，你发布的作品中有很多官网类的案例，那么想要做官网的客户就会循着这些案例找到你。

2. 客户同行业的头部客户案例

一定要尽量服务各个商业领域里最头部的那些客户。因为他们的跟风者和崇拜者会愿意以更多的预算和尊重与你合作。尽管他们也知道找到大佬的供应商并不能成为大佬，但是人们总是会迷信"明星同款"的威力。

3. 独特的设计风格

客户们都在争夺用户的注意力，以满足用户的审美需求。此时，一个区别于竞争对手的独特设计风格，会是他们的重要武器。作为设计师，千万不要完全模仿另一个设计师。有实力的"金主"永远只为第一人买单。让自己成为第一人，而不要成为他人的附属。

4. 良好的设计师品牌

几乎所有被采访的设计师都把这条作为最主要的原因。良好的设计师品牌意味着更大的知名度和更好的信用度。本文将围绕这个话题进行更深入的探讨。

设计师的专业精神不少

成功带来更大的成功，8位设计师都不约而同地把专业精神视为设计师的价值核心，并且都在继续加强自己的设计方法体系，把每一单都作为招揽下一个更好客单的引子，也作为验证自己设计观点的现实案例。

大多数设计师都已经选定了自己主要服务钻研的商业领域，用深度来交广度。设计师只有通过长期的服务和洞察，才可以与客户对行业的机会问题等进行深入的交流，而非流于视觉效果表面。

持续的多维度能力培养也是大家共同提到的关键，大家一致认为良好的学识和思考能力是设计师需要具备的素质。

不可替代的设计能力和良好的服务意识，就是设计师的专业精神。

>>>>> 8位设计师对此话题的具体回答，详见附录A >>>>>

图2-53所示为"参山-浓缩茶"包装设计案例。

图2-53 "参山-浓缩茶"包装设计THREE MOUNTAIN TEA　© NiceLabStudio

HOW？WHERE？
如何获得客户？在哪里可以找到客户

设计平台仍然不可替代

站酷是大家在设计产品时提到最多的关键词，抛开商业互吹，这依然显示出类似站酷、Dribbble、Behance这样的设计类公共平台在当今接单渠道中仍然保持着不可替代性。

此外，8位设计师几乎实践了常见的所有渠道：线下开店、朋友介绍、老客户推荐、中介服务等，但是都只能带来零星的机会，不足以成为稳定的主要客单来源。

自建流量池的可行性不高

有两位设计师提到了自建流量池。随着这些年短视频平台的迅速崛起，确实让自建流量池的可能性大大增加。但是由于大众平台话题相对宽泛，并且读者的兴趣点也相对分散，目前并没有很多设计师通过运营自媒体实现订单转化的成功案例。如今确实有一些设计话题下的大号和网红，但是他们的内容目标更多是依靠广告带货等手段直接变现，而非提升设计师品牌。我们会持续关注新媒体平台对外包业务的影响。另外，建立流量池的时间成本和操作难度也完全不同于设计师惯用的创作式工作模式。这次访问的8位设计师中，仅有一位拥有千万粉丝级微博大号。

不管在哪里，用作品说话

大家都很有默契地提到了创建高质量作品集对吸引客户的决定性作用。渠道不是秘密，作品才是第一要素，"好作品+好平台"才会带来好客户，这也是8位设计师的共识。作品发布时，不仅要在视觉上好看，也要注意写清楚必要的项目背景、行业信息等客户关心的内容。在平台与他人的互动中，尽量保持有礼有理有节的交流，不要给潜在客户留下此人不容易沟通的印象。

主动上门的客户，比较优质

如果你发布的作品已经获得了客户的欣赏，那么接下来的合作将会比较顺畅，这也是此次采访中大家的同感。

沟通能力 + 数据能力，设计师的技能点加法

有3位设计师提到了沟通表达能力及对数据的理解使用能力，如图2-54和图2-55所示。

其中，沟通能力是一项传统技能，设计圈一直有"三分做七分说"的调侃，虽然有些偏颇，但是反映出沟通表达能力的重要性。因为设计师和客户的认知方式、知识结构等都存在巨大差异，很多同行间不言而明的常识，在客户那里可能是完全陌生的盲区。好的设计师需要知道怎么建立和客户的同理心，站在他们的角度，用他们习惯的方式去思考问题。

数据能力是时代的召唤。我们生活在一个数据时代，信息和商品的流动方式，内容和服务的交付方式，甚至消费者的决策方式都基于数据而定。在这个环境下，

设计师需要建立对数据的基本认知，美学说服不了的客户，往往可以被数据说服。在之后的系列文章中，将对这个话题展开说明。

>>>>> 8位设计师对此话题的具体回答，详见附录A >>>>>

图2-54 Mercedes me-梅赛德斯奔驰移动程序 © 赵威G

图2-55 腾讯游戏创意大赛视觉设计GWB Game Awards 2020 © 五感觉醒设计5SD

Personal Brand
你对设计师的个人品牌怎么看

设计师应该持续打造自己的品牌

设计一直是一个由设计师品牌驱动的职业，设计师品牌是客户找到你的原因，也可以形成很高的"品牌溢价"。可以说设计生涯就是一个创造和运营设计师品牌的过程。下面我们梳理了设计师们对此的思考。

建立：风格、特色、定位

设计师往往本身就是品牌专家，甚至很多就是品牌设计师。但是当局者迷，当为客户做品牌设计时思路清晰，节奏明快；当为自己建立品牌时，很多资深设计师也会迷茫。

但是从大家的交谈中，能够梳理出风格、特色、定位3个线索。

（1）风格：你最顺手、最舒适的设计方式，只有自身喜欢的方式才可以长期坚持。

（2）特色：你区别于他人的特征，用来回答为什么找你而不是找别人这个灵魂拷问。

（3）定位：对于市场机会的理性分析，误入夕阳行业的边缘地带会带来事倍功半的后果。

输出：品质、一致、体系

规划好了建立一个风格鲜明、特色明确、定位精准的设计师品牌后，怎么输出你的品牌印象给行业和客户呢？大家共同谈到了以下3点：

（1）品质：把有品质感的内容展现给外界，这是设计师品牌印象树立的第一要务。品质感包括但不限于完整清晰的案例描述和画质清晰的图片展示。还要有发布平台选择、内容深度选择等一系列思考。如上文提到的，以能给读者留下靠谱、专业的"信用感"为佳。

（2）一致：人们不相信万能的神仙，留给每个品牌的记忆空间都很狭窄。设计师品牌要避免试图营造"啥都擅长"的印象。始终用一致的风格强化设计师品牌的特色印象，保持不变的定位，才可以占领大家的心智。什么都是的品牌，往往什么都不是。

（3）体系：市场的机会有限，设计师们看起来往往十分相似，傻傻分不清楚，怎么办？这时就看同一赛道上，谁有更深入的理解，能提供更全面的服务。前文里大家都在努力构建的设计方法论，此时就发挥了作用。

升级：从一个人到一群人

设计师的个人品牌往往成为设计团队公司化运营后的瓶颈。客户点名知名设计师本人来服务，但由于设计师自己的时间和精力无法兼顾太多项目，个人品牌的扩展性不高，团队品牌又不容易建立共情，怎么把一个人的名气变成一群人的名气？这是需要在初期就做好预案的问题。

本节的设计案例如图2-56和图2-57所示。

>>>>> 8位设计师对此话题的具体回答，详见附录A >>>>>

图2-56 上行案例/侠客行-九号虾铺 品牌VIS ⓒ 石昌鸿

图2-57 无染WURO品牌包装设计　©　你好大海品牌设计

Opportunities and Challenges
工作中最大的困难是什么

商业思维

独立设计师或设计公司负责人，区别于职场设计师最大的特点是商业思维。一方面客户和领导对设计的要求是不同的，客户希望你的设计可以直接作用于商业结果，但领导更多只是希望你配合公司策略。另一方面，脱离了职场的设计师，要自己解决柴米油盐，不具备商业思维，就会直接出局。

瓶颈/未知/压力

这3项是不同的因素，但是把它们放在一起，代表着设计中最困难也最有趣的部分——挑战未知。做好设计需要的能力有很多，每条成长路上都会存在很多未知的歧途，如何管理好自己的状态，始终以昂扬的斗志去面对这些压力，是一个永恒的话题。大家可以参考下面设计师们的回答和作品，去体会他们各自的成长经历。

人才/合作伙伴

设计是一个链接性的工作，通过链接上下游而发生作用。尤其是外包项目，经常无法参与到最初的立项探讨中，导致面临一场场"残局"，所以就需要有强大的抗压力和灵活性的伙伴来组成"特种部队"。几位设计公司的负责人都一致表达了对人才的渴求，希望本文可以帮到他们。更希望大家可以从本文中得到一句一词的提示，让我们做出更棒的作品，拥有更好的客户。

本节的设计案例如图2-58和图2-59所示。

>>>>> 8位设计师对此话题的具体回答，详见附录A >>>>>

图2-58 "婷谷·向阳而生"品牌设计全案 © 力虎广告

图2-59 66NORD官网设计 © 是北瓜呀

不好走的路上才有最好的风景，与大家共勉！让我们再次回顾一下这8位设计师和他们的观点。

杨晟Sheen（五感觉醒设计5SD ）：认真对待每一次合作，从前的合作伙伴自然会感受到你的用心和尽责。

石昌鸿（上行设计）：把自己的专业做到极致，无人取代便是你的核心能力。

你好大海品牌设计：设计师应该持有一定的态度、价值，用专业的设计能力和客户平等地对话。

NiceLabStudio：活儿不分大小，用心去做每一件事，剩下的交给时间。

力虎广告：当你在某个领域足够优秀时，机会就会自己走到你的面前。

是北瓜呀：设计是一门手工活，活要出色是第一位。

迦木木：与其独自做设计，不如多和顾客沟通，从而发现他们的真实需求。

赵威：市场只要存在竞争，就会要求我们去做一些革新和改变，这适用于所有行业。

站酷网编辑：纪晓亮

OUTSOURCING TOPICS

02 委托设计篇
设计经验帖

设计师如何提升外包服务的投入产出比

导语： 本文旨在聚焦外包项目设计师业务处境，了解设计师面临的困扰及其原因，分享资深设计师的破解之法。

设计外包服务是我们了解行业生态的重要窗口。因为相比全职项目，设计师在兼职外包项目中会经受更严格的项目考验，比如，更高的项目要求和成果预期，更复杂的审核机制，需要花费更多时间和精力建立信任、磨合想法，承受的压力更大，以及劳动报酬的不确定性更多等。

为了深入了解设计师在设计外包服务过程中的真实状态，我们在《中国外包设计价值观察》的专题中发起了投票活动，围绕"商业项目修改平均次数""设计外包服务成交价与报价的落差""甲方看中设计师的哪些特质""设计师喜欢的甲方"4个话题展开，得到的酷友反馈大多指向消极。于是我们不得不去思考，如何以针刺穴，促进行业更良性地发展，帮助设计师提升职业获得感，实现自我价值。

设计师在外包服务中的生存现状

在多数人眼中，"设计师"是这样一群人：有创意（思想活跃，审美超群）、懂客户（换位思考，同理心强）、懂市场（让产品既好看又好卖）、懂用户（让产品既好看又好用）、懂沟通（在商言商还非常有人情味）。

这还只是常规操作，比起专职项目，设计师在外包项目中面临着更大的考验：承接更严格的需求，承受更大的压力，花费更多时间和精力解决沟通与信任问题，需要达成更复杂的目标——创造价值的同时降本增效。

然而，即使是十分资深的设计师，在与甲方的合作中，也会有过几次捶胸顿足。最能激起设计师共鸣的，莫过于"过稿率"这个话题。

在"商业项目修改平均次数"的投票中，"3稿过"是一个分水岭，如图2-60所示。约15%的项目可以实现一稿过；3稿内（<3）通过的概率合计约49%，接近一半；3稿以上通过的概率合计51%，其中，不计次数修改的情况不容忽视，达到了16%；最令设计师难以招架的"多次修改后推翻重来"（返回第一稿），合计为13%。

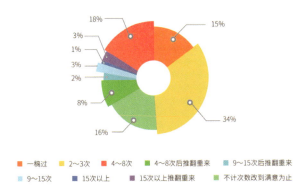

图2-60 商业项目修改平均次数

　　但结合留言结果来看，设计师最喜欢的甲方并不是"一稿过不改稿"，而是"给钱痛快""需求明确清晰"，如图2-61所示，说明只要甲方能提供明确可行的项目辅助和安全感，让设计师劳有所获、清楚该做什么，改稿并非不能接受。毕竟，优秀作品总是需要经过反复打磨的。

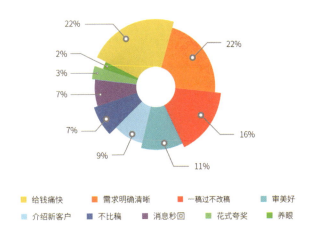

图2-61 设计师最喜欢的甲方

站酷会员留言

认同心价比。一般的设计公司是靠管理和时间赚钱的。设计公司最大的痛苦有两种：一种是没活苦；一种是活多苦。被甲方看上的原因千奇百怪，认真对待的没看上，5分钟搞定的非要选，这历练了设计师的包容边界和不灰心上限；有些甲方很受喜欢，因为足够专业，这照亮了原本想要灰的心和想要变凉的激情，因为认知对等，能形成合力，市场反馈结果不错。修改次数不好评估，看"四柱"。价位落差不大，线上线下两个节奏和交付对象及标准，整体还好。最好的甲方是：不赖账、愿配合、好沟通、有标准。

回复：上一单就遇到了一个很好的甲方，够专业，好沟通，主动为设计考虑，最主要是不赖账。

　　然而，现实情况是，在外包服务项目中，付出与回报往往不成正比，设计师需要做好应对准备。

　　参与"设计服务成交价与报价的落差"投票的设计师中，有约33%的设计师被不同程度砍价，能拿到全额结款的合计约43%（含客户主动提价），无报酬的情况则占到了26%左右，如图2-62所示。

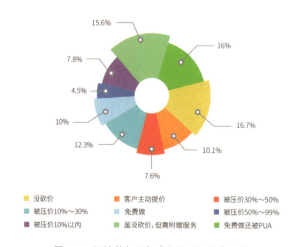

图2-62 设计外包服务成交价与报价的落差

　　设计师在外包服务中的处境可以概括为：时间紧，任务重，要求高，定位不清，需求不明，资源有限，结款难。

站酷会员留言

外包就是时间紧凑，质量要求还高，给的价钱还低，但是小公司为了生存，有时不得不去做一些外包来维持公司的生计，总之真的很难。

外包就是资源有限、时间紧迫、甲方讨厌。

外包就是活多、任务急、需求多，对于想锻炼学习的设计人员来说挺好，但是对成熟的设计师来说比较烦琐。

之前某一公司总经理找我设计海报，原本是600元，他说第一次合作就先付一半，我同意了（没有收定金，源文件还交付了），但是剩余的300元我追了5天。

本来就极少接单，最近接到2单，还是只付了定金，按照甲方设计并修改好之后，找不到人了，我怀疑我被骗了。

回复：有个大哥接了个产品结构设计，定金收了300元，交了文件之后，人家把他拉黑了。

回复：这样的人太多了，高于1万元的就应该先付50%，后面根据完成情况分期支付剩余尾款的10%，交稿付完全部款项之后再发源文件。

回复：遇到过同样的情况。

回复：都不打水印的吗？把水印放到既明显又难去除的位置。

我接单只接受全款，大单没接过，但是三四千的我都要求付全款，不付全款不动手，只聊天。相信我、看过我作品来找我的，都是信任我的，不信任就算了，反正有本职工作不怕没饭吃。也不是我不信任客户，别人也没打算骗稿，只是你稿子做好了还没发，项目黄了，客户也没办法。所以，最好是要求全款，金额大的签合同。

回复：嗯，我基本上也是这样，超过3万元的，就先付40%以上，然后款到动工。

最近的吐槽，接单前说只是简单地勾线加上色的平涂效果图，最后说画面太平要求加材质，顺排了文字。一个长图，给我按照条漫单格算钱，还压价。无奈！熬了一周亏本的夜。

设计师面对"吃力不讨好"的情形，真的无能为力吗？现实中，那些接单接到手软、经常"一稿过"的设计师，都是靠什么征服客户和项目的呢？这在很大程度上与设计师的个人能力相关。

设计外包服务能力标配

"甲方看重设计师的哪些特质"投票，旨在了解设计师的看家本领有哪些，如图2-63所示。在列出的9个要素中，票数排在前六的能力依次为：专业度高、创造商业价值、站在甲方角度考虑、沟通力强、洞察市场并捕捉痛点、设计服务经验累积。

图2-63 甲方看重的设计师特质

1. 专业度高

专业度有3层含义：一是"专"，即熟练掌握某项或某组专业技能；二是"能"，即凭借相关技能解决实际问题的能力。设计是一个专业门槛相对较高的职业，既要求设计师专业技能过硬，又要求他们具备一定的综合业务能力。用站酷推荐设计师韩乔（站酷ID：三鱼先生）的话说，"它是一种集成了'表达'+'技术'的综合能力。"举例来说，当客户需要设计一个Logo时，设计师所能提供的不应只是一个符号，还要包含一整套专业化的服务。比如一个Logo的设计，往往包含以下服务：

· 大量的截图参考。

· 20+的铅笔稿草图。

· 文字阐述的创意思考。

· Logo的规范。

· Logo在各种颜色下的使用情况。

· Logo在名片、A4纸、水杯、手提袋等物料上的效果。

· 提前10天的产出物交付单。

资料来源：站酷推荐设计师牛MO王《<UI>07 – 外包单报价公式》，发布时间：2014年7月1日

商业创新时代对设计师的专业度的要求是能够突破设计的价值边界。正如站酷推荐设计师王继在《出众的设计师》一书中提到的，"如果客户想要一个设计方案，那么仅靠单纯的设计作品是无法打动客户的。客户希望得到的是以行业洞见和市场数据为依据的设计解决方案"。

2. 创造商业价值

商业设计的本质，是设计师基于对甲方需求的理解，创造性地提供解决方案，准确传达客户的价值主张。因此，在外包服务中，设计师首先要有明确的角色意识，清楚自己的使命是为客户创造价值，而不是进行个人品牌输出。设计师要淡化个人色彩，站在客户的立场提供服务，像水一样保持开放和透明，随物赋形，随需而变。

商业价值就是品牌的人气和热度，让产品"好卖、好用、好看"。但从设计师的角度来说，这只是预期结果，设计师需要运用逆向思维，由结果倒推过程，在客户想做、能做和可做之间找到最大公约数。

设计师需要花费一定的时间，去观察和研究服务对象（人群、组织、平台、品牌等），而不是单纯地研磨技术。从60分到80分比较容易，从80分到90分就比较困难，从90分到99分更难，这是很自然的事。但俗话说：取上得其中，取中得其

下，取下无所得，因此，不必对外包项目谈"虎"色变，做难而正确的事，发掘自身更多的可能性，是提升职场生命力的必经之路，没有捷径。

明白了这一点，也就清楚了外包项目的意义：帮助设计师不断更换设计思维，培养适应性和灵活性，沉淀出"随物赋形、随需而变"的品牌力，设计师自身也就具备了商业价值和不可替代性。

3. 站在甲方角度考虑

站在客户的角度思考，不是要与客户想得相同，而是比客户想得更多，这样设计出的方案才会带来惊喜，让人无可辩驳、无法拒绝。比客户想得更多，前提是找准客户的痛点，而不是天马行空。能站在决策层的角度思考问题，与客户同频共振，除了能大大降低沟通成本，获得甲方的信任，更重要的一点是，它会增加设计师的不可替代性。

商业项目中，设计师需要思考的问题如下：

· 客户的定位、需求和实力。

· 客户想做什么，为什么做？

· 核心竞争力是什么？

· 有什么历史/品牌/文化故事？

· 有哪些现有客户和潜在客户？

· 承诺给顾客带来什么？

· 希望唤起顾客怎样的情感？

· 会不会影响顾客的生活方式？如何做到？

· 期望的未来是什么样的？

· 面临的挑战是什么？

· 竞争对手是谁？

· 设计项目最终的决策者是谁？

资料来源：站酷推荐设计师嚼言《Logo——设计在设计之外》，发布时间：2016年9月20日

4. 沟通力强

沟通有两个目的：一是统一认知；二是明确需求。沟通力强的一个表现，是听清"话外音"。沟通的"一句话法则"：提醒客户，设计师不是供应商，而是合作方。

（1）统一认知。现实中，客户与设计师常常在"什么是好的设计"这一点上各持己见，其实，不同的观点并无高下之分，只是出发点不同、诉求不同。客户追求的是设计的功能性和实用性，而设计师的出发点则是审美。因此，沟通首先要解决标准问题，在"什么是好的设计"上形成统一标准。对于商业项目而言，好的设计是兼具实用性和美感，这是设计的大方向。

（2）明确需求。大方向确定后，就需要沟通具体需求。设计师不但要明白客户说了什么，还要透过客户想要的去思考他真正需要的，再着手设计。

因为客户在表达诉求时往往具有主观性、随机性和模糊性，需要设计师通过不断提问，来补全需求信息，然后整合构想出客户期望的理想状态，做到胸有成竹。完整的沟通应包括提问、倾听、思考和确认，缺少任何一步，都会出现信息不对称的情况，从而留下认知盲区。

设计师要通过倾听和提问，了解客户的核心需求和外延需求、刚性需求和黏性需求、即时需求和潜在需求等。思考并确认哪些需求是不能更改的，哪些需求还有讨论的空间。先解决需求"是什么"的问题，有针对地满足需求，而不是一刀切、什么都想满足，最后什么也满足不了。

沟通的目的就是通过信息交换，使双方掌握的信息尽可能对等。我们按照双方掌握信息的情况，划分出4个区间：公开区为双方都知道的信息；盲目区即甲方（客户）不知道而乙方（设计师）知道的信息；未知区即甲方知道而乙方不知道的信息；隐蔽区即双方都不知道的信息。理想的沟通效果应该是尽量扩大公开区，减少盲目区、隐蔽区和未知区，如图2-64所示。

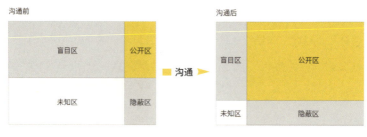

注：
公开区——双方都知道的信息
盲目区——甲方不知道而乙方知道的信息
未知区——甲方知道而乙方不知道的信息
隐蔽区——双方都不知道的信息

图2-64 沟通效果示意图

（3）听清"话外音"。由于外包服务面向各行各业，设计师与甲方客户之间必然存在认知鸿沟，而具备可行性的方案往往需要客户提供建设性意见。但客户受专业知识所限，在提供协助时难以做到精确表达，以致不能达到理想的反馈效果。这时就需要设计师细心揣摩客户的"话外音"，甚至需要平心静气地接纳非正向反馈，以自己的长板来弥补客户的短板。最考验设计师的不是专业层面的沟通，而是这种软性沟通。

这时，建议设计师向行业精神或文化共识看齐，比如像"承接复杂，呈现简单"的理念，就是基于"解决问题"的立场，提倡主动贡献、积极作为，将"消除工作中的负能量和噪点，释放简洁与美好"当成工作职责的一部分。"闻道有先后，术业有专攻"，职场分歧不是较量，而是切磋。

客户不需要懂具体设计，只需要懂怎么合作即可。所以，在此分享一个"一句话法则"：提醒客户，设计师不是供应商，而是合作方。客户或许不懂什么是设计，但不会不懂怎么合作。

5. 洞察市场，捕捉痛点

洞察力源于对收集的信息进行严谨的分析，从而得出正确结论，而不是想当然地下结论。在商业项目中，这些信息主要来自甲方，设计师不需要对信息进行修改，而是要进行二次提炼，然后用设计语言和符号将其呈现出来。在这个过程中，设计师即使要进行一定程度的调研，目的也是与客户的认知同步，从而更好地对信息进行提纯。

站酷会员留言

尽管会有各种折磨，但是用心做出来的东西，一般都会得到认可，随便敷衍的基本上也就没有后续的合作机会了。商业设计不是搞艺术，没有绝对的好与坏，只有充分了解客户的需求，才能高效地完成整体设计工作。对于商业设计而言，"适合"很重要，只有适合需求的设计，才会有人买单。当然，对于外包设计来说，设计费用在某种程度上也决定了设计水平。

设计师的技术能力、创作意识和市场敏锐度决定了其服务的客户质量，很多时候不是甲方要求多，而是设计师的方案让甲方别无选择。如果你的能力能预备10套方案，那么我相信大多数客户都很容易被搞定。

6. 设计服务经验累积

设计服务经验累积的直接结果，就是作品输出的效率和质量高——所思即所求，所作即所需。

唐纳德·A·诺曼曾在《设计心理学》一书中提出过设计中存在的3种模型，如图2-65所示：设计师心智中的设计模型（design model），用户心智中的用户模型（user's model）和事物本身的系统表象（system image）。

图2-65 设计的3种模型

资料来源：唐纳德·A·诺曼《设计心理学3：情感化设计》，中信出版社，2016年

设计师的概念模型是设计师观看、感受和操作产品时的想法；系统表象来自产

品的物理结构；通过与产品和系统表象的互动，产生了使用者的心理模型。

越是有经验的设计师，越能使这三者保持一致，过稿也更顺利。通俗地说，就是设计师要能运用技术手段，以作品为载体，准确传达客户的价值主张。

一个比较通用的方法是借助范本。范本可以由客户提供，也可以由设计师自主寻找，然后与客户确认。这个方法存在的问题是，一些设计师担心范本会使客户先入为主，从而无法接受实物与范本有出入，或者在执行时发现难以实现，就无异于画地为牢、作茧自缚。

外包服务风险管理

在外包服务中，如果付出与回报不成正比，对于设计师的长远发展肯定是不利的。于是，针对超半数项目成交价与报价存在落差的问题，我们参考业内资深设计师的经验，总结了一些比较实用的方法。

1. 源头止损，慎重选择

项目实践在精不在多，选择很重要。选择外包项目时需要考虑以下几个方面：

（1）项目好。项目本身有价值，对提升个人价值和增长经验有帮助，可以刷新履历。挣钱的机会始终都有，但好项目往往不可多得。

（2）结款有保障，能第一时间支付定金。结款是最重要的，但之所以排在第二，是因为不确定因素较多，不如"项目好不好"那样可以快速准确地判断出来。

（3）不占用太多时间和精力，甲方够诚意。如果自己正好有空，甲方需求明确具体，并且不太可能浪费大量的时间和精力，即使不能确保合作成功，由于投入不算太大，还能积累经验，也会得失相抵。

以上任何一条都可以作为外包服务的选择底线，能满足一项就可以考虑接单；反之，则果断放弃。

2. 阶梯式报价，控制风险

安全的项目不是没有风险，而是让风险可控。事情只要开始做，就存在不确定性。所以，还有一道安全屏障：通过阶梯式报价来保障自己的权益。业内资深设计师的报价方式如图2-66所示。

一线城市
$$Basic = \frac{m \cdot n}{a \cdot x} \times ③⓪⓪\%$$

二线及以下城市
$$Basic = \frac{m \cdot n}{a \cdot x} \times ②⓪⓪\%$$

m：目前你的月薪（元）　　　　　n：外包项目计划完成的时长（小时）

a：每个月工作日的天数（天）　　x：每个工作日的时长（小时）

资料来源：站酷注册设计师VIENTIANE《设计外包那些行业内的潜规则》，

发布时间：2018年8月9日

图2-66 报价参考公式

遇到情况复杂的项目，资深设计师的经验是：根据项目分级进行报价，并收取相应的预付款，一般为50%，如表2-4所示。

表2-4 项目分类应对方案参考

项目级别	特 征	结算方式
D级	对方把控主动权，要求多，定位不清，需求不明，项目审批时间长，结算无保障，不确定因素较多，吃力不讨好	额外增加50%～150%的时间成本，预收50%的付款
C级	**优点**：正规项目，安全可靠，结算有保障；需求明确，不会出现因初稿概念稿而修改很长时间的情况 **缺点**：非常多的细节要求和问题，以及格式化问题等非专业问题需要修改；审核周期长，结款延迟	根据具体情况增加30%～50%的总体报价，相应增加一些附加服务
B级	大公司，需求明确，审批效率高，负责人有一定的审美，尊重与信任设计，没有复杂的格式格局，结款快	30%～50%预付款
A级	待遇丰厚，项目影响力大	30%～50%预付款

资料来源：站酷注册设计师VIENTIANE《设计外包那些行业内的潜规则》，

发布时间：2018年8月9日

最重要的一点是，必须签订书面合同，即使对方是朋友也要签订，让客户清楚行规，明白哪些是原则性问题，不容挑战，从而放弃试探底线。底线是一种尊严，你举起的底线，就是你的盾牌。

合同的注意事项重点关注以下3点：

（1）报价和结算方式。

（2）项目需求与审核流程、期限和标准。项目需求必须明确，可另附需求说明，设计师需要仔细核实确认需求说明。另外，甲方的审核流程、期限和标准也需要在合同中注明。

（3）附加协议。附加协议主要针对的情形有：①项目需求变更；②结款变更；③改稿造成的成本变更及责任认定；④其他计划外情况。

制作合同（示例）

甲方：＿＿＿＿＿＿＿＿＿＿＿＿　　　签订地点：XXX创意园

乙方：＿＿＿＿＿＿＿＿＿＿＿＿　　　签订日期：2022年5月7日

根据甲方委托，＿＿＿＿＿＿＿＿＿＿＿＿＿对 UI设计师岗位典型工作任务数据详情清单 进行制作采购，双方达成如下协议。

1. 合同标的和合同价格

货物名称	品牌	规格型号	数量	单位	单价（元）	总价（元）
	无	定制	1	套		
合同总金额（大写）（合同总金额包含备件、专用工具、安装、调试、检验、技术培训、技术资料、运输保险及税金等全部费用）：人民币：贰万元整（¥： 20000 ）						

2. 交货方式和交货地点

2.1 交货方式：按技术服务要求进行交付；

2.2 交货地点：＿＿＿＿＿＿＿＿＿＿＿＿＿＿；

2.3 交货时间：合同签订后60天完成，截至2022年6月30日前务必验收通过；

3. 供货清单

详见附件：UI设计师岗位典型工作任务数据详细清单

4. 付款方式与条件

项目启动之日起，甲方需在5个工作日内向乙方支付30%的预付款，即（大写）人民币：陆仟元整 （¥： 6000 ）

全部货物交货经安装调试，并经验收合格后，一个月内甲方凭收讫货物的验收凭证和货物验收合格文件等材料以 转账 方式向乙方支付尾款 70% 的货物价款，即（大写）人民币：壹万肆仟元整 （¥： 14000 ）

4.1 乙方要求付款还应提交下列单证和文件。

4.1.1 甲方已收讫货物的验收凭证。

4.1.2 甲方签发的验收合格文件。

5. 质量要求和技术标准

乙方所提供的货物必须是原厂生产的、全新的、未使用过的（包括零部件），并符合原厂质量检测标准（以说明书为准）和国家质量检测标准，以及合同规定的质量规格和性能要求，如货物不符合本合同约定的要求，甲方有权拒绝接收。

6. 安装调试、技术服务、人员培训及技术资料

6.1 网络平台安装：素材制作完成后需上传至甲方指定的网络平台，并根据网络平台文档分类标准进行文件标注分类上传。

6.2 数据硬盘安装：素材制作完成后乙方应将源文件、高清视频、网络流媒体、图片文件、电子书文件、多媒体、AR/VR软件分类分别存放安装于独立移动硬盘，用于数据提交安装。

安装调试、技术服务、人员培训及技术资料的质量要求和技术标准应与招标文件一致。

7. 验收

7.1 验收应按照招标文件、乙方投标文件的规定或约定进行，具体如下。

7.1.1 数据硬盘端资源验收，根据项目招投标项目清单对项目工程文件、高清视频素材、网络流媒体素材进行数量与质量验收。

7.1.2 网络平台数据资源验收，乙方提交网络平台上传素材资源清单，资源页截图打印文件，并现场测试网络平台数据资源运行流畅性、完整性。

7.1.3 知识产权验收对于素材中引用的第三方视频文件、软件、图片文件、企业案例和技术标准，服务商验收时应提供完整知识产权授权使用文件，并明确素材资源在省职业教育专业教学资源库、教育部职业教育专业教学资源库使用领域的终身无偿使用授权。

甲方应在乙方所提供的货物安装调试完成后7个工作日内验收完毕。验收结果经甲、乙双方确认后，甲、乙双方代表必须按《验收单》（壹式肆份）上的规定项目对照本合同填好验收结果并签名，加盖各自单位的公章（甲方叁份，乙方壹份），由乙方提交给甲方。如发现物资设备与合同规定不符，甲方有权拒绝接收并向乙方提出索赔。如货物在保证期内被证明存在缺陷，包括潜在的缺陷或使用不适合的材料，甲方有权凭有关证明文件向乙方提出索赔。

8. 质量保证

各合同包货物质保期要求均为货物经最终验收合格后__3__年。乙方在质保期内接到故障通知后4小时内响应并在12小时内到场沟通解决问题。项目交付后，乙方对甲方技术人员进行制作技术与维护技术培训，培训时长不低于20小时。

9. 知识产权

乙方须保障甲方在使用该货物或其任何一部分时不受到第三方关于侵犯专利权、商标权或工业设计权等知识产权的指控。如果任何第三方提出侵权指控与甲方无关，乙方须与第三方交涉并承担可能发生的责任与一切费用；如甲方因此而遭受损失的，乙方应赔偿该损失。

10. 违约责任

10.1 未按期交货的违约责任

10.1.1 如果乙方未能按合同规定的时间按时足额交货（不可抗力除外），若乙方书面同意支付延期交货违约金，甲方有权选择同意延长交货期还是不予延长交货期，甲方同意延长交货期的，延期交货的时间由双方另行确定。延期交货违约金的支付甲方有权从未付的合同货款中扣除。延期交货违约金比率为每迟交__1__天，按迟交货物金额的__2%__收取。但是，延期交货违约金的支付总额不得超过迟交货物金额的__100%__。

10.1.2 如果乙方逾期交货达30天（含30天）以上，甲方有权单方面解除本合同，乙方仍应按上述约定支付延期交货违约金。若因此给甲方造成损失的，还应赔偿甲方所受的损失。

10.2 若乙方不能交货的（逾期30天视为不能交货，因不可抗拒的因素除外）或交货不合格从而影响甲方正常使用的，乙方应向甲方偿付不能交货部分货款30%_的违约金。违约金不足以补偿损失的，甲方有权要求乙方赔偿损失。

10.3 如果乙方未能按照合同约定的时间提供服务，每逾期__1__天的，乙方应向甲方支付_500元_违约金，若因此给甲方造成损失的，乙方还应赔偿甲方所受的损失。

10.4 甲方逾期付款的（有正当拒付理由的除外），应按照逾期金额的每日 0.05% 支付逾期付款违约金。

11. 违约终止合同

11.1 在补救违约而采取的任何其他措施未能实现的情况下，即在甲方发出的违约通知后0天内（或经甲方书面确认的更长时间内），仍未纠正其下述任何一种违约行为，甲方有权向乙方发出书面违约通知，甲方终止本合同。

11.1.1 乙方未能在合同规定的期限内或双方另行确定的延期交货时间内交付合同约定的货物。

11.1.2 乙方未能履行合同项目的任何其他义务。

12. 不可抗力

因不可抗力造成违约的，遭受不可抗力的一方应及时向对方通报不能履行或不能完全履行的理由，并在随后取得有关主管机关证明后的15日内向另一方提供不可抗力发生及持续期间的充分证据。基于以上行为，允许遭受不可抗力一方延期履行、部分履行或者不履行合同，并根据情况可部分或全部免于承担违约责任。

本合同中的不可抗力指不能预见、不能避免并不能克服的客观情况。包括但不限于：自然灾害如地震、台风、洪水、火灾；政府行为、法律规定或其适用的变化或者其他任何无法预见、避免或者控制的事件。

13. 合同纠纷处理方式

因本合同或与本合同有关的一切事项发生争议，由双方友好协商解决。协商不成的，任何一方均可选择以下（2）方式解决：

（1）向 甲方所在地 仲裁委员会申请仲裁；

（2）向 甲方所在地 有管辖权的人民法院提起诉讼。

14. 其他约定

14.1 本合同未尽事宜，双方另行补充。

外包服务合同示例

资料来源：站酷注册设计师VIENTIANE《设计外包那些行业内的潜规则》，

发布时间：2018年8月9日

（注：该合同样本不具有普遍适用性，内容仅供参考。）

一旦签订协议，设计师就要为自己的选择负责，过程中通过沟通来解决问题，与同行、前辈多加交流。总之，遇到任何困难，你都不是一个人，可以依靠他人的智慧和经验去解决问题，最大限度地降低试错成本，提升自己的容错率。

外包服务可持续：树立品牌意识，提升服务质量

风险管理做到位，只能保证不出意外，却不能保证做得更好，也就无法维持外包服务的可持续性。长远来看，设计师需要树立品牌意识。

从前文"甲方看中设计师的哪些特质"投票数据来看，"知名度高"的投票数仅为6%左右，原因不外乎：一是外包的项目可能不参与市场竞争和品牌增长，对设计师的知名度要求不高，更注重性价比；二是参与投票的设计师多数还没有形成自己的品牌力，或者对自己的品牌力不够自信。

站酷会员留言

让你做工具，中层能统计提报你的KPI体现自己的价值，向管理层展示他的压榨能力，项目外包懂的都懂，对他来说是双赢。

酷友回复：说得太对了，我现在的公司找人外包一套图文20多万元，人家一个团队做一个月，现在不合作了让我们两个人一星期出4套，出完各种diss丑，没感觉，我只想说，20万元抵我们两个人两年工资，还不给时间去做。

品牌不仅仅意味着能给客户提供更有保障的服务，从而获得口碑、话语权和议价权，还意味着更容易获得信任，也就意味着更平等的沟通，更多的支持与配合，适度的话语权交付，较少的试错，以及持续合作的可能。简而言之，信任是第一生产力，设计师获得的信任值越高，话语权越大，付出回报比就越理想。

站酷会员留言

虽然本质上说，设计外包就是接外单，但是自己创立自己的设计品牌、有大把客户找自己，和专门去设计外包公司打工做外包活，是两种感觉，一个天上一个地下。

所以，当合作遇到阻力时，我们不妨回到问题的源头：甲方是出于信任才选择与我合作的吗？如果不是，如何在合作过程中建立信任？最有效的方法就是提升服务质量。结合业内资深设计师的经验，总结如下。

1. 规范设计流程

每个行业都有行规，这是历史传承下来的、经过实践检验的、兼顾质量与效率的不二法门，即使是设计这种充满创意、需要打破规则的行业，也绕不开行规。不遵循行规，势必要走弯路，造成时间和资源浪费。

外包服务中，最重要的行规就是设计流程。严格遵循设计流程，是项目顺利推进的基本前提。外包服务工作流程如图2-67所示。

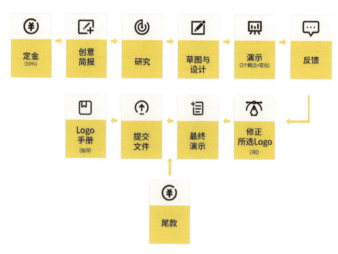

图2-67 设计外包服务工作流程

资料来源：站酷注册设计师嚼言《Logo——设计在设计之外》，发布时间：2016年9月20日

2. 善用设计草图

草图能直观地展现设计师的创作过程和个人水平，也能让客户切实感受到自己在为创意付费。另外，很多设计师保留设计草图，必要时对草图进行二次加工，还可能衍生出周边产品。

3. 提供超预期服务

过程固然重要，但结果才是客户最关心的。优秀的设计师会将"全案服务意识"贯穿始终，提供超出客户预期的服务，客观上也能展示方案的成熟度，提升过稿率。项目实践在于精而不在于多，把一个项目做彻底、做深入，好过在多个项目上浅尝辄止。

每一个项目都是一个进行全案设计训练的好机会，如果能用"点—线—面"的逻辑闭环促成用户需求的闭环，那么即便只是参与了一个项目或其中一个环节，也能收获统筹大局的经验，设计师的能力就已经超出了设计一个方案，他的价值也就超出了一个技术人员的价值。

4. 重视设计解说

当客户拿到最终作品时，会想当然地以为自己知道所有的成本，所以，设计解说可以不限形式，但要直观明了地呈现完整的设计服务，让客户明白，他获得的不只是一个成品，还有一套产品服务体系（Product Service System）；他不是在为某种材质和工艺付费，而是在为能力和创意付费。一件事从无到有，如果过程不被看见，人们就会认为理所应当是那样，而忽略了人在其中发挥的作用。好的设计往往伴随着深入的研究和精彩的构思，但思考是隐性的、无形的、无法量化的，意味着它容易被忽视。比如，原研哉为小米设计的新Logo，如果不深究，许多人很难看出新Logo的超越性。外在形态的变化很容易，而内在精神的变化却不容易，并且这种变化被接受也需要更长的时间。原研哉设计小米Logo时所追求的，正是这种内在的、精神气质的升级。

5. 故事复盘

复盘、输出项目经历，条理化，故事化，这是加速传播、扩大影响力的必要环节。故事复盘既有助于客户品牌和业务的升华，也有助于设计师自品牌的沉淀，因为客户的品牌故事最终会成为设计师自品牌故事的一部分，从而实现共赢。同时，品牌形象也需要靠故事来烘托。

当然，不必要求自己一次性都做到以上建议，可以有主次、有计划地落实，在基本原则和硬性标准上不要妥协，然后适当变通，这既包括设计师一方，也包括甲方：设计师自己要先坚守质量底线，才能去期待客户的信任和尊重。

结语

一个人所能承受的极限，就是他的边界。设计生涯就是一个不断探索设计边界和自我边界的过程。

日常生活是以时间和空间为维度的，或许还可以加上人的身心维度，而设计师这一角色，时间、空间、身心加起来，似乎都不足以撬动他们的"小宇宙"。设计师更像是与尚未到来或有待发现的未知世界赛跑，"拓荒者"就是他们的价值支点。

然而，设计的价值是一个后天生成的过程，并非一个人因为是设计师，就天然地继承了这一身份的价值属性，而在于面对每一个项目时他的观察、思考和应对能力；也并不是他必然会或多或少与行业领先设计师的脚步重合，就自动开启了光明前景，而在于他如何清晰定位自己的坐标，进而走出第一步，又如何完成一次次价值生成和裂变。

但不可否认，优秀的设计师都经历过从0到1、从1到多的价值积淀，从很多设计师的成长故事中可以发现，每一次价值生成，都伴随着用超预期的服务为客户创造价值。设计服务是一个价值共生的过程，能提供系统化、差异化服务的设计师，已经不满足于仅仅帮助客户解决常规、显性问题，还需要发现并解决隐性问题，在这个过程中形成自己的独特优势。也就是说，如果设计师能够为客户提供完整的服务，形成需求的闭环，那么，他与客户的合作就会具备一定的排他性，设计师自己也就具备了不可替代性。

站酷网编辑：刘霜　张曦

Appendix

03 附录 A

我能打动客户的核心能力

赵威

全职设计师/5年经验/多服务于互联网及新型行业：媒体、社交、海外市场等

设计师能被客户选择，通常是由于以下几种情形：拥有对标的业务经验；对设计师作品品质的认可；设计气质与业务方诉求相契合；当自己与其他设计师/团队同样曝光在客户眼前时，需要满足其中2~3点才能脱颖而出。很多情况下，抱有不同想法的客户更愿意选择最为稳妥的解决方案，所以我的客户大多是找我做一些熟练领域的业务，如媒体平台、社交垂直领域、海外市场等。

彰显独特性，设计更加前卫、具有未来趋势的作品。市场只要存在竞争就会要求我们去做一些革新和改变，这适用于所有行业。设计师这个职业本身就该富有强大的创造力和良好的思辨素养，真正拥有强大实力的设计师通过向外延伸、表达去引领风向，内化沉淀思维和构建设计体系。

迦木木

独立珠宝设计师/12年经验/直接服务于消费者，女性为主

（过去）实体 → （今天）信息流

我现在分为两块，第一部分是我之前开过珠宝店，在商业区里自然会有顾客。但是从2020年之后我们认为线下的吸纳力后劲不足，所以现在的核心准备是商业信息流的源头在哪，我们就在哪。

风格！风格！还是风格！

当然是你的设计能力和设计风格。作为设计师，我个人觉得最需要思考的两件核心事情如下：

（1）你能为客户（无论是B端还是C端）提供什么？

（2）客户真实需要的到底是什么？

是北瓜呀

全职设计师/两年半工作经验/无固定服务行业

设计是一门手工活，活要出色是第一位，我想客户主动找上门更多的是对我作品的认可。

我认为设计师的核心能力要建设属于自己的方法论，对公司的业务支持及客户沟通有设计依据可寻，养成捕捉事物本质的感觉能力和洞察能力。简单来说，就是设计师在某个行业有高价值的设计产出，所处岗位很难被他人替代，掌握一技之长。

力虎

自营设计机构/公司成立5年/聚焦电商品牌视觉设计全案的广告公司/
客户较多来自家居、母婴和美妆类目

客户选择我们，一般是基于力虎在项目服务中提供的综合全链路视觉
解决方案。从前期品牌、店铺的策划到品牌设计，到素材创作包括平面和
视频的拍摄，再到落地执行的设计稿件，我们帮助客户做前期的决策，也
帮助客户做后端的落地。力虎在项目完整性上是有竞争力的。

设计师的核心能力是视觉审美的整体把控。设计就是合理的安排。一
个落地的整体项目由很多元素组合而成，而每一次将这些元素创造出来并
进行组合搭配，都是一个庞杂而浩大的工程。每个细节都需要妥当安排，
才能让最终落地的页面发光发亮。

NiceLabStudio

自营设计工作室/从业10年，工作室成立一年/多服务于"客户是年轻
人"的行业，如玩具、食品、潮流服饰等

我们的客户一般都是被我们的设计所吸引的，然后觉得我们的设计符
合他们所追求的视觉方向，并且认可我们在设计上的尝试和表达。可以
说，首先客户通过作品信任了我们的"技术"，又通过设计理解了我们在
设计作品中表达的精神传递和创新，从表皮到内核，都打动了客户，最终
达成合作。

我们其实从来不觉得能力有"核心"一说，能力是工具，在一件事情
达成的不同步骤中，需要的能力并不相同。不过可以从设计师所做的事情
里去理顺"能力起到作用"的过程，从这个过程中知道如何利用自己的能

力何去"排兵布阵"。

首先，第三方设计服务存在的意义，其实是帮助我们的"甲方"通过视觉层面的呈现，更好地与他们的"客户"建立链接。因此，做设计要解决的不是打开什么软件、做多少个图层、使用什么效果的问题，而是如何通过设计让客户的客户，更好地了解产品，更深刻地理解产品。所以这并不是单纯的视觉，这是用视觉巩固亲密关系的过程，这是我们工作室提供设计服务永恒的核心。

在这个步骤，需要设计师冷静且客观地理解每一次设计的目的，明确设计结果将要达到的效果，从而限制设计的"范围"，尽量达到准确。

其次是寻找不同的解决问题的路径，我们坚信，解决问题的方法永远不只有一个。站的角度不同，考虑的重点不同，自然就会给出不同的答案。因此在设计服务过程中，我们会围绕"问题"进行大量的"角色扮演"式对话：如果我是老板，我希望从这里得到什么？如果我是用户，什么东西会促使我与这款产品产生交集？如果我是路人，我会如何被转化？如果我是竞品，我现在在干什么？然后再基于这些问题产生的答案去权衡设计的侧重点在哪里，并且根据不同的侧重点给出不同的解决方案。

在这个步骤，需要设计师冷静客观地进行科学合理的"创作意图梳理"，也就是通常所说的设计思路。

再次，根据品牌手册、产品意图或者用户意向结合市场调研，开始进行"表皮"设计部分。这里需要设计师对每一个效果的实现和每一个动作尽量做到"心中有数"，要尽可能高效、直接地产出设计图，并且能够很好地表达前面所确认的"设计思路"。

这个步骤需要设计师有强大的动手能力，无论是软件还是手动制作刀版或者模型，这个能力可以通过经验积累来获得。

最终，我们需要向客户描述方案的由来，很多人觉得这个步骤不重要，但我们认为这个步骤恰恰最重要，这不是说服别人接受你的设计，而是在某一个问题的解决方式上寻求认知一致，寻求一致的过程中会有观念和想法的碰撞，就会产生所谓的"返稿"或者"修改"。

在这个步骤中，需要设计师有清晰明确的语言逻辑，有倾听的能力，有语言拆解分析理解能力，能从客户的反馈意向中总结出客户的想法和意图。这看起来好像跟做设计没有太大关系，但却决定了一个设计方案的走向和结局。

综上所述，其实就是我们所认为的设计师到底是在做什么，是发现问题并在视觉层面找到不同的方法解决它，这也是客户找到我们的初衷。

你好大海

自营设计机构/公司成立9年/多服务于快消、美妆、生活美学领域，以及一些原创设计品牌的合作

从你好大海行业的表现来看，客户选择我们主要有3点原因。

（1）你好大海追求极致的原创性设计，可以为每位客户量身打造具有竞争力的视觉呈现。

（2）你好大海独具个性的设计风格，契合现代市场、年轻人的主流审美。不管是与快消品牌、美妆品牌还是生活美学品牌的合作，你好大海都把视觉审美放在最核心的位置。

（3）你好大海可以帮助寻求转型的品牌，从视觉层面与年轻的消费者再次建立对话。

我认为设计师的核心能力有两个方面。

（1）专业能力，能使自己的设计风格与客户的需求达到平衡。

（2）对数据有敏感性，在获得曝光的同时，可以建立个人品牌。

石昌鸿（上行设计）

自营设计机构/公司成立8年/多服务于餐饮、白酒、茶类客户

公司在设计圈里面比较活跃，有很多代表作，在口碑等各方面也很好，魅力中国系列的帖子被转载很多，很多客户最开始抱着交朋友的心态选择我们，最后都成为商业合作伙伴。

设计师的核心能力还是术业有专攻，把自己的专业做到极致，无人取代便是你的核心能力。

杨晟Sheen（五感觉醒设计5SD）

自营设计机构/公司成立9年/多服务于互联网行业

客户选择我们还是得益于长期积累的口碑。认真对待每一次合作，从前的合作伙伴自然感受到你的用心和尽责。未来他们有设计需求，也自然会想到你。

设计师的核心能力是沟通能力和专业能力。

我认为设计工作的一半工作权重都在沟通上。如何准确地理解需求、如何向客户方阐述你的设计思路、如何归纳总结，都是至关重要的。这些工作做好之后，设计的执行才有明确的方向。

我理解的专业能力，是指设计的思维方式与技法、技能。以前我刚入门时，我曾经的导师说过："设计的核心简单来说就是'想法'和'技法'。'技法'可以通过时间来学，而'想法'则需要观察、培养和训练，是长期经验的积累"。多年之后，我的感受是，"技法"是相对容易学会的，是你的兵器库。但"想法"，或者说设计的思维方式，则需要每个设计师去观察、感受这个世界，吸收每天接收到的信息，在大脑中整理并存档，形成你的"创意库"。

Appendix

赵威

全职设计师/5年经验/多服务于互联网及新型行业：媒体、社交、海外市场等

我的获客渠道来自站酷、Behance、Dribbble等设计网站，还包括Instagram、Facebook等社交媒体平台。通过不断积累作品和发声增加曝光，达到吸引客户的目的，其中口碑是最强大的营销手段，要想形成稳定可靠的长期客户，往往需要口口相传。我们通常需要为设计达成的商业结果负责，与客户构建良好的合作关系也有助于引导我们同潜在客户建立联系。

这个时代充满了机会，社交媒体和共享的网络资源使得营销变得便捷无比。设计师在寻求曝光的任何平台都有可能为我们提供源源不断的客户，也有一些新兴的专门对接客户和设计师的相关平台。其实我更建议通过发布作品来吸引客户，这样能够最大程度地筛选关键客户，保证成单量，降低沟通成本。

迦木木

独立珠宝设计师/12年经验/直接服务于消费者，女性为主

这里所说的获得客户，我个人理解的意思是：客户为什么找你？如果这样理解的话，个人风格及你所体现出来的能力是否匹配于你合适的群体或者商业需求，就是答案。

信息流在哪儿，顾客就在哪儿！

我在前面提到过，我之前开过一家珠宝店，但那是昨天的商业。对于今天的商业，我个人的理解是：你的个人风格及特色在哪个细分领域里能够触及你的受众，自然就有了你的顾客。明天的商业另说。

是北瓜呀

全职设计师/两年半工作经验/无固定服务行业

合作过的客户小部分是通过熟人介绍，更多的是通过站酷（笔芯）与我取得联系。在项目合作中，也见过各行各业的用户，包括医疗、电商和区块链等领域，相遇即是缘分。

力虎

自营设计机构/公司成立5年/聚焦电商品牌视觉设计全案的广告公司/客户较多来自家居、母婴和美妆类目

力虎经营到今年是第5年，目前未设立专门的销售和业务部门。来自全国各地不同的品牌方会通过我们的案例及老客户推荐联系策略型AE。然后相关同事会帮助客户梳理需求，进行项目合作意向的洽谈。

站酷网是一个很好的分享设计作品案例的平台，努力打磨作品，在站酷网上分享并获得推荐，会有更多认可你作品的人发现并找到你。

NiceLabStudio

自营设计工作室/从业10年，工作室成立1年/多服务于"客户是年轻人"的行业，如玩具、食品、潮流服饰等

与其说是获得客户，不如说是获得信任和理解，并与客户达成共识。

获得客户的信任在于要有属于工作室强有力的产出，设计师用设计说话，好的设计作品是设计师的最强"背书"。

而要想获得客户的理解，需要准确且真诚的沟通方式。如果能够保证让客户精准地收到信息，并且提供科学合理的解决方案，就很容易与客户达成共识。如果一个设计师思维混乱，逻辑模糊，词不达意，客户自然也会很慌。

最开始的客户都是经朋友介绍的，虽然我们工作室成立的时间不长，但是所有成员都经验丰富，在长期的职场生涯中也交到了很多朋友，大家对于工作室的工作也都很支持，给我们推荐了很多客户。

另外就是在公共平台发布作品，客户们看到作品也会有想要合作的意向。比如站酷网就是一个很好的平台，我们也有很多客户是从站酷网看到我们的作品而来的，被作品吸引而来的客户，在对设计的理解层面能更容易与设计师或者工作室达成一致。

你好大海

自营设计机构/公司成立9年/多服务于快消、美妆、生活美学领域，以及一些原创设计品牌的合作

你好大海的特点之一就是不拜访客户，不与客户进行公关。

我们获取客户的方式主要有两种。

一是打磨好自己的原创设计，用过硬的作品口碑获得客户的关注。

二是建立互联网内容矩阵，目前微博矩阵的粉丝接近1000万，同时在站酷网、Behance等国内外设计平台上不停地输出优质的设计作品，获取流量，让更多潜在客户了解到我们。

在口碑和流量的帮助下，形成了稳定的获客渠道。

对于兼职设计师和自由设计师来说，第一是将自己的作品打磨好，第二是学会利用数据，让自己的作品获得更多曝光。比如，站酷网就是一个很好的平台，可以获得更多的机会。

石昌鸿（上行设计）
自营设计机构/公司成立8年/多服务于餐饮、白酒、茶类客户

首先我们用心运营公司的公众号等社交网站，定期分享一些公司案例，将自己手上的项目做好，就会不断地有客户主动联系我们。另外一些客户来自于朋友介绍，我们也没有什么公关，更多的是把自己的专业做好，然后把客户交给我们的每一个项目做好，做好口碑非常要紧，朋友会自然而然地帮助我们做宣传，给我们推荐更多客户。

我们公司真没有特意到哪里去寻找客户，都是客户主动找到我们。我们也会参加一些论坛，或者一些企业家的活动，去分享公司的案例，将每一个项目做好是对公司最好的推广。

杨晟Sheen（五感觉醒设计5SD ）

自营设计机构/公司成立9年/多服务于互联网行业

首先要经营好自身的品牌形象，明确服务的领域、优势，可以帮助客户解决什么问题。

其次是在客户能触达的渠道发布内容和信息。

不论是个人还是团队，都需要做好自身的品牌与市场管理。

你的前同事、同学、行业朋友都有可能是你的潜在客户。他们和你在现实中是认识的，自然会有第一步信赖关系，有需求时就自然会联想到你。

在线上平台多发布优质作品，也是一个好的获客渠道。

Appendix

我打造个人品牌的心得

赵威

全职设计师/5年经验/多服务于互联网及新型行业：媒体、社交、海外市场等

个人IP时代是一场流量战争，无论是社群、消费升级还是粉丝经济、共享经济等，无不体现着IP的价值。作为设计师，需要加速提升自己的眼界、心智和能力，以便抓住社会的发展趋势。拥有一技之长的设计师，无论是在专业能力还是营销自己的方法方式上，都需要不断试错去寻求新的突破口。

迦木木

独立珠宝设计师/12年经验/直接服务于消费者，女性为主

设计师→决策人

你要脱离设计师的职业，从而转向决策层。这不是一件容易的事。我很支持设计师创立个人品牌，那么就要很清晰地知道一件事，设计对于品牌的核心价值到底是什么？

是北瓜呀

全职设计师/2年半工作经验/无固定服务行业

　　设计师的个人品牌对自己乃至行业都是有一定效益的，加强同行对我们作品、行为的认知，也能获得更好的职业机遇、人脉客户和行业认可。输出的作品和经验文章则能帮助设计师快速成长，是一种特殊的回馈。

力虎

自营设计机构/公司成立5年/聚焦电商品牌视觉设计全案的广告公司/客户较多来自家居、母婴和美妆类目

　　在设计行业，个人品牌价值其实是非常大的，因为设计并不是可以批量复制的产业，因此设计师个人的能力就是个人设计师品牌最大的资产。并且个人设计师品牌输出的水准统一在线，很多客户会因为作品品质的保证而青睐于个人设计师。但对力虎而言，每个项目都需要团队综合配合来开展工作，因此，设计师个人品牌想要突破发展就需要提升自己的综合能力。

NiceLabStudio

自营设计工作室/从业10年，工作室成立1年/多服务于"用户是年轻人"的行业，如玩具、食品、潮流服饰等

　　设计师的个人品牌无论是做设计服务的品牌，还是自己去进行产品生产的品牌，所做的事情都是在寻找同类、寻找认同，我们认为这是非常好的设计师自我价值实现的方式。

不过这个过程并不轻松，可能会面对误解和压力，像我们工作室作为"新生"工作室，面临的问题也非常多，尤其在经营层面上，这就不是单纯设计的事情了。想要做好这件事，还要对自己的优势有一个非常明确的认知，知道自己的长处和短板，虽然"迎难而上"是一种听起来很英雄主义的说法，但在实际经营中，我们还是建议大家"不行就撤"，这个"不行"是指遇到了自己真的不擅长的事情，在自己不擅长的领域硬去投入时间、金钱和人力，将很难得到好的结果。

从我们的经历来看，想要以设计立足，还需要做很多事情。

包括但不限于，了解产业，对大环境有嗅觉和捕捉意向，明白自己团队的优势，懂得打造"拳头产品"，成本和收益的计算清晰明确，以及适时进行升级等。

还有最重要的一项，一定要先有"面包"，才有力气追求梦想，"饿着肚子"的逐梦之路并不好走。

你好大海
自营设计机构/公司成立9年/多服务于快消、美妆、生活美学领域，以及一些原创设计品牌的合作

在互联网和现代商业发达、中小型品牌繁多的市场环境中，个人品牌的建立可以获得更多的关注，提高客户的信任度，为作品价值附加溢价。

一定要用独立的风格和特点去塑造个人品牌，并在一个垂直领域发力深挖，用作品将其演绎得淋漓尽致。当你成功建立起自己的品牌后，市场中大约会有10%的客户为你的作品买单。

石昌鸿（上行设计）
自营设计机构/公司成立8年/多服务于餐饮、白酒、茶类客户

对于个人品牌，我认为肯定很重要，既是你的个人品牌，也是你的口碑，还是你的个人魅力，但在商业设计里面，往往不允许有太多个性，更多的是团队协作，为了能使作品做得更好，基本上不会去强调某个设计师、某一个特点，他的个人品牌也会被弱化。我们会提倡每一个设计师要有自己的个人品牌，有自己的代表作，但是面对真正的商业项目时，还是需要大家的集体智慧。

杨晟Sheen（五感觉醒设计5SD）
自营设计机构/公司成立9年/多服务于互联网行业。

不论是个人还是团队，都需要做好自身的品牌与市场管理。
经营个人品牌其实与经营公司品牌的理念是一致的，只是其中的执行细节不同，但同样需要做好品牌定位、品牌管理和渠道输出等。

Appendix

我的职业生涯瓶颈

赵威

全职设计师/5年经验/多服务于互联网及新型行业：媒体、社交、海外市场等

瓶颈期伴随着焦虑和心态的起伏，不安于现状，寻求破局和改变，渗透在生活中影响自身的情绪，在已有的框架中探索边界。怎样去拆解在通用能力、专业能力、影响力维度的增长空间，挖掘潜力和价值，是我目前工作中遇到的最大困难。

迦木木

独立珠宝设计师/12年经验/直接服务于消费者，女性为主

（商人）+（设计师）=？

你需要在设计师和商人之间来回转换思维，有时设计作品与商品之间如何融合在一起并且发展成一个行之有效的商业模式，是我觉得个人品牌设计师一直在探索的道路。

是北瓜呀

全职设计师/两年半工作经验/无固定服务行业

我认为最大的困难就是对未知事物的探索，这里介绍一个关于视觉需求上的压力，在花椒直播时有一段经历让我记忆犹新，记得当时的第一个需求是画头像框，苦于自己没用这方面的经验，琢磨了一整天的时间在视觉技巧、构图色彩上，到最后的成稿交付，已经进行了七八次改稿，下班时发现已经是晚上11点了。

力虎

自营设计机构/公司成立5年/聚焦电商品牌视觉设计全案的广告公司/客户较多来自家居、母婴和美妆类目

从公司层面来说，力虎的业务模式很难被复制和模仿。每个项目都需要精心打磨和钻研，所耗费的时间和精力都非常多，每个项目的所有细节都是挑战。因此没有任何环节是容易的。

NiceLabStudio

自营设计工作室/从业10年，工作室成立一年/多服务于"客户是年轻人"的行业，如玩具、食品、潮流服饰等

招不到人啊！

招人，招合适的人，招合适的并且能一起奋斗的人，非常难。

我相信对于独立工作室而言，大家可能都会遇到这样的问题。

招聘是工作室运营中非常重要的一个环节，像我们这样的小型工作室，在招聘市场并不受欢迎，毕竟求职者对于公司的规模影响力也有要求，所以时常一个岗位挂上去，好几个月都无人问津。

不过我们觉得这是工作室运营必然会面临的事情，招聘是双向的，求职者也会对招聘公司有考核或者标准，所以只能拓宽招聘路子，微博公众号甚至B站，所有能被人看到的地方，我们都会挂上招聘，以寻找与我们志同道合的新朋友。

你好大海

自营设计机构/公司成立9年/多服务于快消、美妆、生活美学领域，以及一些原创设计品牌的合作

第一个问题是未来的发展。你好大海在运营多年后，已经达到了它所预期的位置。但时代是在不停发展、变化的，面对新的技术、新的渠道、新的媒介等，需要不断地思考公司未来的发展。

第二个问题是人才。直至今日，你好大海都在不断地用高薪寻求人才。因为创新的设计、表现、思想，永远都需要新的人才带来新的碰撞。

你好大海的运营在郑州这个并不是设计型人才第一选择的中原城市，因此我们在寻求人才的同时，也会培养一些刚毕业或正在实习的学生。对于这些相对稚嫩的学生，我们有着长期的培养计划，希望在与公司的价值观一致、有共同目标和愿景的基础上，为他们创造一个良性的成长空间。你好大海现在的一些主要设计人员也都来自中原本地，因此我们并不认为在中原地区做不出好的设计、找不到好的人才。这也是我们面对客观困难的态度。

石昌鸿（上行设计）

自营设计机构/公司成立8年/多服务于餐饮、白酒、茶类客户

没有成熟的工艺链，项目无法成熟执行落地，是现阶段设计工作中遇到的最大困难，每次做完设计后，整体感觉都不错，可是落地执行后会有很多美中不足的地方。

杨晟Sheen（五感觉醒设计5SD ）

自营设计机构/公司成立9年/多服务于互联网行业

庆幸的是我们没有遇到过特别大的困难，但创业的过程中总是小困难不断，如设计执行上的难题、时间上的不足、人力的不足等，这些都是企业经营的必经之路，我们会享受这个过程。

至于最大的困难，就是资源不足，包括时间、人力等。

图书在版编目（CIP）数据

设计启示录：站酷行业观察报告 / 站酷编著. --北京：电子工业出版社，2023.6
ISBN 978-7-121-45239-0

Ⅰ. ①设⋯　Ⅱ. ①站⋯　Ⅲ. ①设计师—研究—中国　Ⅳ. ①K825.72

中国国家版本馆CIP数据核字（2023）第046288号

责任编辑：陈晓婕
印　　刷：北京宝隆世纪印刷有限公司
装　　订：北京宝隆世纪印刷有限公司
出版发行：电子工业出版社
　　　　　北京市海淀区万寿路173信箱　邮编：100036
开　　本：889×1194　1/16　印张：14　字数：358.4千字
版　　次：2023年6月第1版
印　　次：2023年6月第1次印刷
定　　价：99.00元

凡所购买电子工业出版社图书有缺损问题，请向购买书店调换。若书店售缺，请与本社
发行部联系，联系及邮购电话：（010）88254888，88258888。
质量投诉请发邮件至zlts@phei.com.cn，盗版侵权举报请发邮件至dbqq@phei.com.cn。
本书咨询联系方式：（010）88254161～88254167转1897。